核能装备材料基础

主　编　王国亮

副主编　张小宁　李烨飞

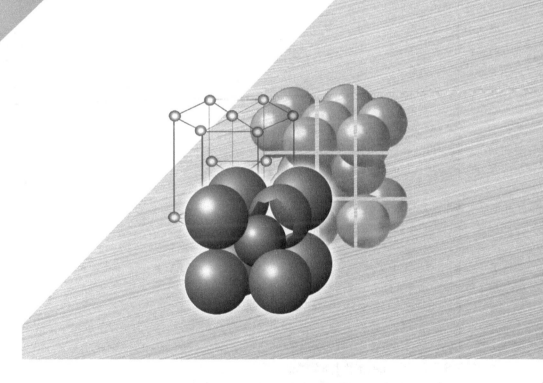

西安交通大学出版社
XI'AN JIAOTONG UNIVERSITY PRESS

图书在版编目(CIP)数据

核能装备材料基础 / 王国亮主编;张小宁,李烨飞
副主编.— 西安 : 西安交通大学出版社,2022.8(2023.8 重印)
ISBN 978 - 7 - 5693 - 2820 - 2

Ⅰ.①核… Ⅱ.①王…②张…③李… Ⅲ.①核工程
-工程材料 Ⅳ.①TL34

中国版本图书馆 CIP 数据核字(2022)第 186277 号

书　　名	核能装备材料基础	
	HENENG ZHUANGBEI CAILIAO JICHU	
主　　编	王国亮	
副 主 编	张小宁　李烨飞	
策划编辑	田　华	
责任编辑	邓　瑞	
责任校对	李　文	
装帧设计	伍　胜	

出版发行	西安交通大学出版社
	(西安市兴庆南路 1 号　邮政编码 710048)
网　　址	http://www.xjtupress.com
电　　话	(029)82668357　82667874(市场营销中心)
	(029)82668315(总编办)
传　　真	(029)82668280
印　　刷	西安日报社印务中心

开　　本	787 mm×1092 mm　1/16　**印张**　9.875　**字数**　235 千字
版次印次	2022 年 8 月第 1 版　　2023 年 8 月第 2 次印刷
书　　号	ISBN 978 - 7 - 5693 - 2820 - 2
定　　价	45.00 元

如发现印装质量问题,请与本社市场营销中心联系。
订购热线:(029)82665248　(029)82667874
投稿热线:(029)82668818　QQ:457634950
读者信箱:457634950@qq.com

前　言

　　人类的发展与材料息息相关,现实中许多问题常常归结到材料性能方面。在核能装备的使用与管理过程中,对核材料特性的认识非常关键。目前,关于"核材料"并没有一个明确的定义和限定范围,现在国内外的核材料书刊大多是"核反应堆材料",包括各种反应堆燃料、反应堆结构材料及元件等。本书名为《核能装备材料基础》,主要是考虑到实际核能装备上用到的各种材料,包括金属材料、合金材料、高分子材料、复合材料等。要了解这些材料是什么,如何形成的,以及服役中性能会发生怎样的变化等问题,需要具备相应的材料科学基础知识和核裂变、核聚变材料相关知识。为帮助非材料专业人员加深对核能装备材料的理解,特编写本书。本书第 1 章介绍材料结构基本知识,第 2 章介绍晶体结构,第 3 章介绍晶体结构缺陷,第 4 章介绍相平衡,第 5 章介绍铀材料,第 6 章介绍钚材料,第 7 章介绍聚变材料。在了解了材料科学基础知识和基本概念的基础上,本书后三章分别介绍了铀、钚、氚等材料的生产及特性,这部分内容更多体现为对前面基础知识的综合应用,其中的许多结论是通过一些材料性能试验和分析得来的,结合相关基础知识可以更好地掌握这部分内容。本书由王国亮负责编写绪论、第 1 章、第 2 章、第 6 章和第 7 章,西安交通大学李烨飞教授负责编写第 3 章,张小宁负责编写第 4 章和第 5 章。书稿在编写过程中得到了中核四〇四有限公司的帮助,在此一并表示感谢。

　　核能装备材料基础涉及大量跨学科知识,很难做到面面俱到。编者只能根据个人认识,在内容上突出基础理论知识介绍,适当拓展工程应用。希望能为从事核能装备使用与管理的人员带来些许帮助。由于编者水平有限,书中难免存在疏漏和不妥之处,请读者批评指正。

编者

2022 年 6 月

目　录

绪　论

0.1　核能发展

核能又称"原子能"，是人类最具希望的能源之一。它是利用原子核发生变化时释放的能量，如重核裂变和轻核聚变时所释放的巨大能量。人们开发核能的途径有两条：一是重元素的裂变，如铀的裂变；二是轻元素的聚变，如氘、氚、锂等。核能是人类历史上的一项伟大发现，从 1932 年实验证实中子的存在，到 1942 年费米领导建成了世界上第一座核反应堆，再到 1945 年二战期间投放到日本的两颗原子弹。在很短的时间里，核能就被发展到可被人类利用的阶段。这源于人们在科学技术方面的进步和人们对核能释放巨大能量的兴趣。继美国造出原子弹后，苏联于 1949 年 8 月 29 日爆炸了他们的第一枚原子弹，威力为 2.2 万吨 TNT 当量，打破了美国的核垄断。英国在与美国的合作过程中，花较小的代价掌握了研制原子弹的关键技术。经过 5 年多的努力，于 1952 年 10 月 3 日在澳大利亚爆炸了他们的第一枚原子弹。法国早在 1939 年就已得知链式核裂变反应的结论，1939—1940 年间在实验室实现了次临界链式裂变反应，并储存了当时世界上的全部重水。战争打断了他们的研究计划，战后科学家将主要研究目标放在核能源研究方面。1956 年底法国决定加速军事原子计划。1960 年 2 月 13 日在阿尔及利亚撒哈拉沙漠进行了第一次原子弹试验。

中国是第五个掌握核武器的国家。20 世纪五六十年代，美国军政要员多次对中国威胁使用原子武器，中国政府在极为困难的情况下，决定建立自己的核工业。1957 年 10 月 15 日中国与苏联签订了国防新技术协定，协定规定苏联协助中国研制原子弹。1959 年 6 月苏联撕毁了协定，1960 年 8 月撤走了援助专家，中国被逼走上了完全依靠自己的力量发展核武器的道路，独立地开始了原子弹的研究设计。在爆轰物理、中子物理、放射化学、引爆控制系统、计算物理等领域，全面地开始了原子弹的研究设计工作。1963 年 3 月提出了第一枚原子弹理论设计方案，1964 年 1 月生产出了原子弹装料所需的浓缩铀，1964 年 10 月 16 日成功地进行了第一次原子弹试验。

在原子弹的研究与发展过程中，人们利用聚变放能还设计制造出了威力更大的氢弹。1952 年 11 月，美国进行了世界上首次氢弹原理试验，试验代号为"Mike"。试验装置以液态氘作热核材料，爆炸威力在 1000 万吨 TNT 当量左右。苏联于 1955 年 11 月进行了氢弹试验。试验装置中使用了 ^{6}LiD 作热核材料，因而质量和体积相对较小，便于用飞机或导弹投放。中国是继英国之后第四个掌握氢弹技术的国家。1966 年 12 月 28 日，中国成功地进行了氢弹原理试验，1967 年 6 月 17 日，由飞机空投的 330 万吨 TNT 当量的氢弹试验又获圆满成功。氢弹是一种有巨大杀伤破坏力的武器。各核武器大国都不惜花费巨大的人力物力来提高它的性能，如：小型化，提高突防能力、生存能力和安全性能等。

另一方面，通过人为控制和调节核能的释放可以进行发电或提供动力。1951 年美国在钠冷快中子增殖实验堆上进行了世界上第一次核能发电实验并获得成功，1954 年苏联建成了世界上第一座商用核电站——奥布灵斯克核电站。从此人类开始将核能运用于军事、能源、工业、航天等领域。美国、俄罗斯、英国、法国、中国、日本、以色列等国相继展开核能应用研究。区别于火电站是通过化石燃料在锅炉设备中燃烧产生热量，核能是通过核燃料链式裂变反应产生热量，这些热量被用来驱动汽轮机，汽轮机可以直接提供动力，世界各国军队中的核潜艇及核动力航空母舰都以核能为动力，也可以连接发电机来产生电能。

在核能发电领域，世界上已有 30 多个国家或地区建有核电站。国际原子能机构（IAEA）统计，2020 年全球核电总发电量为 2600 太瓦时，在电力结构中的占比约为 10%。此外，全球低碳电力中，有近 1/3 来自核电，核能发电量在本国总发电量中所占份额超过 10% 的国家共有 20 个，其中，法国最高，达到 70.6%。出于对环保、生态和世界能源供应等的考虑，核电作为一种安全、清洁、低碳、可靠的能源，已被越来越多的国家所接受和采用。如今，越来越多的国家正在考虑或启动建造核电站的计划，已有 60 多个国家正在考虑采用核能发电。据国际原子能机构预测，到 2030 年全球的核电装机容量增加至少 40%。2020 年我国核能发电量为 3662.43 亿千瓦时，发电量达到世界第二（其中美国 831.3 太瓦时，中国 366.2 太瓦时），核能发电量占中国发电总量的份额为 4.9%，还有很大提升空间（见表 0-1）。为了响应节能、环保、减排的号召，国家对核电发展的战略由"适度发展"转向"积极发展"，我国的核电能源将获得很好的发展机遇。

表 0-1 2020 年核能发电量前三位国家

国家	2020 年			运行、在建和拟建反应堆数/座
	核能发电量/TW·h	占世界份额/%	反应堆数/座	
美国	831.5	30.8	93	98
中国	366.2	13.6	51	106
法国	353.8	13.1	56	57

除了核裂变放能，聚变放能同样一直备受人们关注。但是核聚变反应条件苛刻，实现起来比较困难，在武器上需要用原子弹裂变放能引发聚变反应，从而实现氢弹爆炸。要实现聚变放能的和平利用，则需要研究可控核聚变。但是可控核聚变的实现难度非常大，目前还处在探索攻关阶段。当前的聚变实验装置有激光聚变装置、箍缩类聚变装置（如托卡马克装置，见图 0-1）。

图 0-1　全超导托卡马克装置 EAST(东方超环)

0.2　核能装备材料

核能装备上用到了各种材料，包括金属材料、合金材料、高分子材料、复合材料等。为了解这些材料的特性以及材料服役中的性能变化等问题，首先需要学习掌握相应材料科学基础知识。

材料不仅是人类进化的标志，而且是社会现代化的物质基础与先导。从石器时代、青铜器时代到现今的各种新材料时代，材料都发挥着至关重要的作用。这里的材料一般是指人类用丁制造生活和生产所需的物品、器件、构件、机器和其他产品的物质。纵观现代科技史，材料往往是科学理论过渡到技术应用的关键，直接影响着许多科技领域的进展，是一切科学技术的物质基础与先导。例如，没有高强度、耐高温、轻质的结构材料，现代航空、航天技术不会这样发达，反之亦然。因此，各发达国家无不把材料放在重要地位。材料，尤其是新型材料的研究、开发与应用反映着一个国家的科学技术与工业水平，它关系到国家的综合国力与安全。为制造某种装备，选择合适的材料、选择最佳的加工工艺，或者是改善现有材料、研制新型材料，都需要我们具有材料内部结构与性能的知识，需要科学的理论指导。

20 世纪以前，在材料的选择、加工与制备等方面主要靠经验，缺乏科学的指导。随着现代科技的不断发展，各个领域都对材料提出了越来越苛刻的要求，关于材料的理论研究也逐渐增多，如冶金学、金属学、陶瓷学等。1957 年，苏联人造卫星首先上天，美国认为自己落后的主要原因之一是材料落后，于是在一些大学成立了十余个材料研究中心，采用先进的科学理论与实验方法对材料进行深入的研究，取得了重要成果，对材料的制备、结构和性能，以及它们之间的相互关系的研究也愈来愈深，此后"材料科学"这个名词开始被广泛引用。人们还发现，虽然材料种类是多种多样的，如金属、陶瓷、高分子和复合材料，但是在研究它们的过程中发现很多相似性，例如相变(金属和陶瓷材料中都发现了马氏体相变)、缺陷行为、扩散、塑性变形和断裂机理、界面、点阵结构、物理性能等。另外，各类材料的分析测试设备、合成与加工工艺也存在大量的共同之处。正是由于以上情况，促成材料科学成为一门独立的学科。

材料科学是一个跨物理、化学等的学科，核心问题是研究材料的组织结构和性能以及它们之间的关系。材料的性能是由材料的内部结构决定的，如原子、分子和离子的排列方式，以及它们之间形成的各种键合(金属键、离子键、共价键、分子键)。材料的结构根据不同的尺度可以分为不同层次，包括原子结构、原子的排列、相结构、显微结构(多相结构)。晶体中的结构缺陷也包括在结构之中，每个层次的结构都以不同方式决定着材料的性能。第一个层次是材料的原子结构(尺度约为 10^{-4} nm)，通过分析电子绕着原子核的分布情况，判断材料中原子间的键合，确定材料的种类及固有性能，如电学、磁学、热学、光学和部分力学性质。第二个层次是原子在空间的排列(尺度约为 10^{-1} nm)，原子或离子的排列是否有序、不同的排列方式，都会对材料的性能产生非常大的影响。例如，二氧化硅结晶时就是水晶，非晶态时就是玻璃，石墨和金刚石都是由碳原子组成的，但二者原子排列方式不同，物理性能差异极大。第三个层次是显微组织结构($10^{-7} \sim 10^{-4}$ m)，显微组织即在显微镜下所观察到的构成材料的各相的含量及形貌所构成的图像。第四个层次是宏观结构，指通过肉眼直接观察就能了解的信息。如果从原子在三维方向上尺度大小来看，又可以将材料分为体材料和低维材料(一维、二维或三维方向上尺寸很小的材料)。低维材料具有目前体材料所不具备的性质，如有很强的表面效应、尺寸效应和量子效应，使其具有独特的物理、化学性能。

材料拥有自己的固有特性，但在使用过程中，不同的外界条件使材料表现出对应外界条件的各种性能。例如外力作用下对应材料的力学性能、电流通过时材料的电性能、作为光学器件的材料光学性能等。随着现代科技的发展，一方面对材料性能的指标要求越来越高，另一方面对材料的不同性能要求也越来越多。通常可以将材料性能分为力学性能、物理性能、化学性能、其他复杂性能。其中，力学性能又包括强度、弹性、塑性、韧性以及相对应的各种参量；物理性能包括热学性能(热容、导热率、热膨胀系数等)、电学性能(导电性、介电常数)、光学性能(透光性、折射率)、磁学性能(磁导率、矫顽力)等；化学性能包括抗氧化性能、耐腐蚀性；其他复杂性能包括耐磨性、铸造性、切削性、耐高温性、压电性、辐照性能等。

材料的合成和加工工艺包括各种制备工艺及后期加工工艺，如传统的冶炼、铸锭、焊接、压力加工等，以及新发展的真空溅射、气相沉积等工艺。通过改变微观原子排列方式，以及在宏观尺度上对材料结构进行调整，从而改善材料的使用性能。合成通常指原子核分子组合在一起所采用的物理和化学方法，例如合成新材料或用新技术合成已知材料，或将已知材料按特殊要求合成。加工除了对原子、分子的控制外，还包括在宏观尺度上的改变。材料的合成与加工不但可以赋予材料一定的尺寸形状，而且可以通过热处理、冷加工、铸造等一些手段控制材料的成分和组织结构，从而获得低成本高性能的材料。随着材料合成与加工手段的不断更新，合成与加工之间的界限也变得越来越模糊。

材料使用性能是指材料的应用效果和反响，是材料在最终使用过程中的行为和表现。

如：寿命、灵敏度、能量利用率、转化率、安全可靠性和成本等综合因素。可以看出，材料的成分与组织结构、材料的固有性能、材料的合成和加工工艺，这三个方面共同决定了材料的使用性能(见图 0-2)。因为材料性能问题，导致的事故非常多。例如，2011 年的日本福岛核事故。由地震引发大海啸，反应堆辅助外部电源不能运转，致使冷却反应堆的电源全部丧失。高温核燃料(UO_2 核燃料熔点达到 2800 ℃)熔穿了反应堆压力容器，反应堆上方建筑也在爆炸中发生损毁，从而酿成福岛核事故。

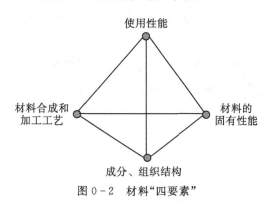

图 0-2　材料"四要素"

0.3　裂变材料

0.3.1　铀

元素周期表的第七周期第三副族中有 15 种元素，统称为锕系元素，原子序数从 89 到 103。其中，第 92 号元素铀是目前已知最重的天然放射性元素。

1789 年，德国化学家克拉普罗特(M. H. Klaproth)从沥青铀矿中首先发现了铀元素，并借用天王星(Uranus)的名字将它命名为"Uranium"。1841 年，法国化学家佩利戈特(E. M. Peligot)制得金属铀。1896 年，法国科学家贝克勒尔(H. Becquerel)在实验中先后观察到了铀盐及纯铀的辐射现象，首次发现了放射性，从此打开了原子核物理的大门。1939 年哈恩(O. Hahn)和斯特拉斯曼(F. Strassman)发现铀的核裂变，之后我国科学家钱三强、何泽慧夫妇发现铀核的三分裂、四分裂现象。

铀最初主要被应用于军事领域。1945 年，美国研制出世界上首颗原子弹，有效推动了第二次世界大战的终结，随后苏联、英国、法国、中国和印度等国家也相继进行了核试验。1942 年，世界上第一座核反应堆成功启动，标志着和平利用核能技术的良好开端。

天然铀共含有三种同位素：^{234}U、^{235}U 和 ^{238}U，它们在铀中的百分比含量(即相对丰度)分别为 0.0057%(^{234}U)、0.7204%(^{235}U)、99.2739%(^{238}U)。铀在地壳内和海水中均有存在，但储量并不丰富。铀在地壳中的百分比含量约为 $3.5×10^{-4}$%，据估计，其在厚达 20 km 的地壳中的总含量约为 10^{14} t，平均每吨岩石中含 3.5 g；在海水中含量约为地壳中的 1/2000，浓度很低，平均每吨海水中含铀 2.0 mg。现阶段核工业用的铀基本上取自陆上矿石。陆上矿石中富矿很少，品位一般为 $0.1\% \sim 0.3\%$（氧化铀），大量的矿床含铀量低于可开采品位。

^{235}U、^{239}Pu、^{233}U 能被不同能量的中子所裂变释放能量并能产生链式反应，称为"易裂变核素"，含有这三种核素的材料称为"裂变材料"。自然界存在的易裂变核素只有 ^{235}U，它与可转换核素 ^{238}U 以混合物天然铀的形式存在于自然界。一个 ^{235}U 核裂变释放出的能量为 200 MeV，由此可以算出，1 kg 的 ^{235}U 若全部发生核裂变，释放出的能量约为 8.2×10^{10} kJ，这些能量相当于 2000 t 石油或 2500 t 标准煤完全燃烧产生的能量，也就是说，1 kg 的 ^{235}U 放出的能量是 1 kg 石油或煤完全燃烧产生能量的 200 万～250 万倍。

铀被用作原子弹和核反应堆的燃料，开创了人类利用核能的广阔前景。在 20 世纪 60 年代之后，人们又先后发现了铀的其他各种用途，如用于生产制造非核效应的穿甲弹、坦克的装甲板材、飞行器的配重块及防护 γ 射线的屏蔽层等，还可以用作超导材料和储氢材料。

0.3.2　钚

钚最早被发现是在 1940 年 2 月，西博格（G. T. Seaborg）、沃尔（A. C. Wahl）、肯尼迪（J. W. Kennedy）和麦克米伦（E. M. McMillan）等人在加利福尼亚大学伯克利分校用回旋加速器加速 16 MeV 的氘核轰击 ^{238}U 时，生成半衰期约为 2 d 的 ^{238}Np，^{238}Np 衰变后形成 94 号元素，几个月后，94 号元素被最终证实，其基本化学性质与铀类似，西博格建议将 94 号元素命名为"Plutonium（钚）"。钚大约有二十种放射性同位素，同位素的质量数范围从 228 到 247 不等，主要同位素有 ^{238}Pu、^{239}Pu、^{240}Pu、^{241}Pu、^{242}Pu 和 ^{244}Pu。

1941 年 3 月西博格等人证明了热中子能使 ^{239}Pu 发生裂变。这一验证表明裂变过程放射出的中子能够触发更多的裂变，使核链式反应能够维持下去。这种同位素作为核燃料，特别是作为制造原子弹急需的核装料之一，具有很大的现实意义。核工业用的 ^{239}Pu，是通过人工核反应制造的。主要途径有两种，一是各类反应堆燃烧过的铀燃料的乏燃料中，都会产生一定数量的钚，在进行乏燃料后处理时，可分离出钚。二是利用专用钚生产堆，将 ^{238}U 作为转换材料置入快中子反应堆中，在中子辐照下转变成 ^{239}Pu。生成 ^{239}Pu 的核反应过程见下式：

$$^{238}_{92}\text{U} + ^{1}_{0}\text{n} \longrightarrow ^{239}_{92}\text{U} \xrightarrow[23.5\ \text{min}]{\beta^-} ^{239}_{93}\text{Np} \xrightarrow[2.3565\ \text{d}]{\beta^-} ^{239}_{94}\text{Pu}$$

^{239}Pu 是使用 ^{238}U 和中子反应，并以 ^{239}Np 作为中间体，产生 β 衰变。由图 0−3 可知：^{238}U 原子核俘获一个中子形成放射性 ^{239}U 原子核，其半衰期相当短，只有 23.5 min；^{239}U 放出一个 β 粒子（带负电的电子）衰变成镎 239（^{239}Np），半衰期约为 2.33 d；^{239}Np 放出一个 β 粒子，转变成长寿命的 ^{239}Pu。^{239}Pu 由 ^{238}U 转变得到，所以钚的资源依赖于铀资源。反应堆中产生的 ^{239}Pu，随着辐照时间的延长，一部分会作为燃料消耗掉，少部分会进一步变成一定数量的 ^{240}Pu、^{241}Pu、^{242}Pu 等核素，其中，^{241}Pu 受到中子轰击时，有 73% 的概率发生裂变，平均释放出 3.06 个中子。在反应堆中还可产生 ^{238}Pu、^{243}Pu、^{244}Pu 等核素。在生

产^{239}Pu 的同时，连续俘获中子会形成一些^{240}Pu，照射的时间越长，^{240}Pu 及接连产生的
^{241}Pu、^{242}Pu 等的含量越多。因此，必须减少钚在反应堆中的照射时间，但这样就提高了
^{239}Pu 的生产成本。

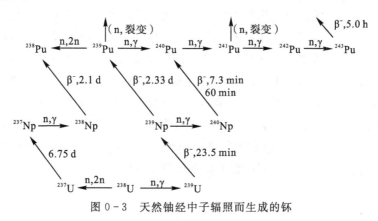

图 0 - 3　天然铀经中子辐照而生成的钚

^{238}Pu 的半衰期有 87.74 年，释放出大量热能。更好的是它只释放出低能 γ 射线和中
子以及微弱的 α 射线，只要用一张纸就能阻挡住^{238}Pu 的辐射。因此，它可以作为放射性
同位素热电机的热量来源，很多航天器都搭载了^{238}Pu 核电源。钚是^{238}U 在反应堆中受中
子辐照后，发生各种核反应而产生的。也可以通过以下核反应式生成：

$$^{238}_{92}U + {}^2_1D \longrightarrow {}^{238}_{93}Np + 2{}^1_0n, \quad {}^{238}_{93}Np \xrightarrow[2.117\,d]{\beta^-} {}^{238}_{94}Pu$$

氘核撞击^{238}U 生成两个中子和^{238}Np，^{238}Np 自发衰变发射负 β 粒子形成^{238}Pu。

0.4　聚变材料

核聚变反应是由质量小的原子，在一定条件下相互聚合生成新的质量较重的原子核的
过程。通常是将温度升高到几百万摄氏度乃至上千万摄氏度，此时这些核素的动能可达到
几千电子伏到几万电子伏，足以克服核与核之间的库仑斥力，从而聚合为一个较重的核。
所以核聚变反应又称为热核反应，这些核素又称为"热核燃料"或"热核材料"。根据比结合
能曲线，能够发生聚变反应的较轻核素有很多，相应的聚变反应方式也有多种，例如：

① $^2H + {}^2H \longrightarrow {}^3He + n + 3.27$ MeV；

② $^2H + {}^2H \longrightarrow {}^3He + p + 4.03$ MeV；

③ $^2H + {}^3H \longrightarrow {}^4He + n + 17.58$ MeV；

④ $^2H + {}^3H \longrightarrow {}^4He + p + 18.34$ MeV；

⑤ $^3H + {}^3H \longrightarrow {}^4He + 2n + 11.34$ MeV；

⑥ $^6Li + {}^2H \longrightarrow {}^7Be + n + 3.38$ MeV。

由于需要在上千万摄氏度的高温下，聚变反应才能进行，所以要在反应堆中进行可控
的核聚变，并释放出可供利用的能量，极为困难。在上述几种反应方程中，第③种氘-氚
反应所需要的温度最低，原子核的动能达到 4.5 MeV，即可发生聚变反应，反应截面也最

大，比较容易实现，反应中释放的能量也比较大。正在试验中的第一代聚变反应堆即采用氘和氚作为核燃料。^{6}Li 可以直接用作氢弹的"核炸药"，也可在裂变反应堆和聚变反应堆中转化出氚，所以 ^{6}Li 也是重要的聚变材料。氘和氚是可控热核反应的原料，如果这种热核聚变得以实际应用，可给人类提供新的能源，意义将是巨大的。而推动氘化锂和氚化锂研究的直接动力是威力强大的热核武器的出现及其完善工作。相对于裂变核燃料，聚变核燃料有很多优点。例如，大多数聚变反应释放出的能量是相同质量裂变核材料的几倍（1～6倍）。氘-氚反应释放出的能量是相同质量裂变核材料的 4.5 倍。聚变材料资源极为丰富，且制备工艺较为简单，生产成本低廉。除了氚具有放射性外，氘和锂都是稳定的核素，没有放射性。聚变材料燃烧后也不会产生任何放射性废物，对环境无任何不良影响。聚变材料中的 D－T－Li 循环，也比裂变材料循环简单得多。因此，这里所讲的核燃料主要是针对氘、氚和氘氚化锂，重点介绍氚的相关物理化学及辐射特性。

第1章

材料结构基本知识

国民经济和国防科技工业发展离不开各种类型的材料，材料是可用于制造生活和生产所需的物品、器件、构件、机器和其他产品的物质。物质由原子构成，一般材料是由具有不同原子结构的元素组成的，元素的原子结构、原子间的相互作用和原子排列等直接决定了材料的特性。原子是由位于原子中心的带正电的原子核和核外带负电的电子构成的。原子核由质子和中子构成，决定了该元素的核性质。原子的电子结构决定了原子键合，进而决定了材料的种类以及物理、化学、力学性质。因此，下面主要讨论的是原子结构中的电子结构。

1.1 原子的核外电子排布

原子具有复杂的结构，它由原子核和绕原子核运动的核外电子构成。原子核本身由带正电荷的质子和不带电的中子组成，质子和中子统称为核子，靠它们之间强大的核力，稳定地聚合在一起。质子带有正电荷，中子呈电中性。一个质子的正电荷量正好与一个电子的负电荷量相等，它等于$-e(e=1.6022\times10^{-19}\text{C})$。原子中的质子数决定了原子的属性，即元素的种类。通过静电吸引，带负电荷的电子被牢牢地束缚在原子核周围。原子的体积很小，原子直径约为10^{-10} m 数量级，原子核直径更小，仅仅为10^{-15} m 数量级。原子的质量主要集中在原子核内，单个质子或中子的质量大致为1.67×10^{-24} g。而电子的质量约为9.11×10^{-28} g，是质子的 1/1836。电子的质量小到可以忽略，但是电子在原子核外的分布却直接影响原子间的结合方式。

1.1.1 原子的电子结构

电子在原子中绕原子核运动，根据电子的能量高低，用统计方法可以判断其在核外空间某一区域内出现的概率的大小，即所谓电子的运行"轨道"（见图 1-1）。电子的运行轨道（能级）是不连续的。一个能级所能容纳的电子数是一定的，一个能级填满后，其余的电子就要占据能量较高的外层轨道。电子在各能级上的排列方式称为电子组态。一个电子组态对应一个原子系统的能量。电子运动没有固定的轨道，能量低的电子通常在离核较近的区域（壳层）运动；能量高的电子通常在离核较远的区域运动。在量子力学中，薛定谔方程引入波函数描述了电子的运动状态和在核外空间某处的出现概率。即原子中一个电子的空间位置和能量可用四个量子数来确定，即主量子数、角量子数、磁量子数和自旋量子数。

在一定的条件下原子可从一个能量状态过渡到另一个能量状态，称为跃迁。伴随原子跃迁过程的是辐射的发射或吸收。原子电子壳层的大小决定了原子的大小，但电子具有波动性，通常把分子或晶体中两个相邻原子中心距离的一半作为原子的半径，大多数原子的半径都在 $(1\sim2)\times10^{-8}$ cm 的范围内。

1. 主量子数 n

主量子数是描述原子中电子能量以及与核的平均距离的主要参数，n 用正整数 1、2、3、4⋯表示电子处于第一、第二、第三、第四⋯壳层上。按光谱学的习惯称为 K、L、M、N 壳层等。n 值越小，电子与原子核的距离越近，能量越低，如 $n=1$ 意味着最低能级量子壳层。

2. 角量子数 l

角量子数 l 表示电子在同一壳层内所处的能级，以及不同能级的电子云形状不同。在某一主层上（对应一个主量子数），l 取值为 0，1，2，⋯，$n-1$。可以再根据角量子数分成若干个亚层，不同的亚壳层可分为 s、p、d、f、g 状态。例如 $n=1$ 时，角量子数为 0，即 K 壳层内只有一个亚层 s，即 1s 电子；当 $n=2$ 时，就有两个角量子数 0、1，即 L 壳层还包含两个电子亚层 s、p，即 2s、2p 电子；当 $n=3$ 时，有三个角量子数 0、1、2，即 M 壳层包含三个电子亚层 s、p、d，即 3s、3p、3d 电子。在同一量子壳层里，亚层电子的能量是按 s、p、d、f、g 的次序递增的。不同亚层的电子形状不同，如 s 亚层的电子云是以原子核为中心的球形，p 亚层的电子云是哑铃形，d 亚层为四瓣形，f 亚层为复杂形状。

3. 磁量子数 m

磁量子数决定了电子云有多少个空间取向。m 的取值为 0，±1，±2，⋯，$\pm l$。对应 s、p、d、f 四个亚层就分别有 1、3、5、7 种轨道。例如对于 d 亚层（$l=2$）的情况，磁量子数为 $2\times2+1=5$，其值为 -2，-1，0，$+1$，$+2$。没有外磁场时，处于同一亚壳层而空间取向不同的电子具有相同的能量。

4. 自旋量子数 s

考虑到电子不仅绕原子核运动，其自身还存在自旋。自旋量子数描述的是电子的不同自旋方向，取值为 $+1/2$ 和 $-1/2$，表示在每个状态下可以存在两种自旋方向相反（顺时针和逆时针）的两个电子，通常用"↑"和"↓"表示。

核外电子分布除了与上面四个量子数相关外，还服从以下三个原则。

①能量最低原理：原子中的电子总是优先占据能量最低的壳层，只有当这些壳层填满后，电子才依次进入能量较高的壳层，从而尽可能使体系的能量最低。

②泡利（Pauli）不相容原理：在一个原子中，不可能有运动状态（即四个量子数）完全相同的两个电子。

③洪德（Hund）定则：在同一亚层上，各个轨道能量相等，即等价轨道。原子中的电子在等价轨道上排布时，总是尽可能分占不同的轨道，而且自旋方向相同。

电子的能量水平主要由主量子数和角量子数决定，各主壳层和亚层的电子能量水平如

图 1-1 所示。可以发现，在原子序数比较大，d 和 f 能级开始被填充的情况下，相邻壳层的能级有重叠现象。例如，4s 的能量水平反而低于 3d；5s 的能量也低于 4d、4f。这样，电子填充时有可能出现内层尚未填满前就先进入下一壳层的情况。以原子序数为 26 的铁原子为例，理论上，其电子结构似乎应为 $1s^2 2s^2 2p^6 3s^2 3p^6 3d^8$。然而，实际上铁原子的电子结构却为 $1s^2 2s^2 2p^6 3s^2 3p^6 3d^6 4s^2$。

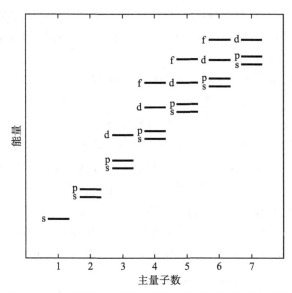

图 1-1　电子能量水平随主量子数和角量子数变化情况

以上是单个原子亦孤立原子的电子排布。实际上我们遇到的通常是大量原子构成的固体材料，此时，电子不再束缚于个别的原子，而是在所有格点上的离子和其他电子共同产生的势场中运动，要写出固体中所有相互作用的离子和电子系统的薛定谔方程，并求解，这是非常困难的。能带理论对这个问题进行了简化，假设固体中的原子核固定不动，并按一定规律周期性排列，每个电子都是在固定原子核周期势场和其他电子的平均势场中运动。用这种方法可以求出电子在晶体中的能量状态，电子的能量和连续变化形成了能带（各个原子的能级电子云的重叠），能带之间存在的一些无电子能级的能量区域，称为禁带或能隙。能带理论在解决多电子系统的复杂问题方面非常有效。对于固体的许多性质，如电学特性、磁性能等都能够通过能带理论进行很好的解释。

1.1.2　元素及元素周期表

元素是具有相同核电荷数的一类原子的总称。目前已确认并命名的元素有 118 种，按照元素原子的核电荷数进行编号排列，发现元素的外层电子结构随着核电荷数的递增而呈周期性的变化。将电子层数相同的元素排成一行，最外层（以及次外层）电子数相同的元素放在同一列，即构成了元素周期表。周期表上一行表示一个周期，共 7 个周期，表上竖着的各列称为族，同一族元素具有相同的外壳层电子数，周期表两侧的各族 I A、II A、III A…VII A 分别对应于外壳层价电子数为 1、2、3…7 的情况。因此，同一族元素具有非常相似的化学性能。主族元素（I A～VII A）分别填入外层 s、p 电子，原子的电负性和化学性质由此呈周期变化。副族元素（由左至右，ⅢB～ⅡB），也称过渡族元素，分别填入内层 d 电子，由于外层 s 电子为 1 个或 2 个，几乎相同，化学性质变化不大。周期表中的过渡族元素，原子中的 d 或 f 层电子未填满。对于多电子的原子轨道，由于 4s 和 3d、5s 和 4d、6s 和 5d 之间存在能级交错，所以过渡族最外层 s 轨道和 d 轨道，甚至 f 轨道电子都可以参与成键，从而呈现多种价态。这些元素都有典型的金属性。在这其中，锕系元素是原子序数 89～103 的 15 种化学元素的统称。其中，原子序数在铀元素之后的称为超铀元素。随着原子序数增加，这些元素逐次填充 5f 内层电子，因此锕系元素的化学性质比较相似，且具有毒性和放射性。

元素在周期表中的位置反映了该元素的原子结构和一定的性质。同一周期内，核电荷数依次增多，原子半径逐渐减小，电离能趋于增大，失电子能力逐渐减弱，得电子能力逐渐增强。因此，金属性逐渐减弱，非金属性逐渐增强；而在同一主族的元素中，由于从上到下电子层数增多，原子半径增大，电离能一般趋于减小，失电子能力逐渐增强，得电子能力逐渐减弱，元素的金属性逐渐增强，而非金属性逐渐减弱。同样的道理，由于同一元素的同位素在周期表中占据同一位置，尽管其质量不同，但它们的化学性质完全相同。通常用电负性来衡量原子吸引电子的能力，电负性越强，吸引电子的能力越强，对应的数值也越大。电负性的概念是鲍林（L. Pauling）于 1932 首先提出，并规定氟原子的电负性为 4.0，然后求出其他元素的相对值。同一周期内，由左至右，电负性逐渐增大；同一族内，由上至下，电负性逐渐减小，如表 1-1 所示。

表 1-1　元素电负性

H 2.1																	
Li 1.0	Be 1.5											B 2.0	C 2.5	N 3.0	O 3.5	F 4.0	
Na 0.9	Mg 1.2											Al 1.5	Si 1.8	P 2.1	S 2.5	Cl 3.0	
K 0.8	Ca 1.0	Sc 1.3	Ti 1.5	V 1.6	Cr 1.6	Mn 1.5	Fe 1.8	Co 1.9	Ni 1.9	Cu 1.9	Zn 1.6	Ga 1.6	Ge 1.8	As 2.0	Se 2.4	Br 2.8	
Rb 0.8	Sr 1.0	Y 1.2	Zr 1.4	Nb 1.6	Mo 1.8	Tc 1.9	Ru 2.2	Rh 2.2	Pd 2.2	Ag 1.9	Cd 1.7	In 1.7	Sn 1.8	Sb 1.9	Te 2.1	I 2.5	
Cs 0.7	Ba 0.9	La～Lu 1.1～1.2	Hf 1.3	Ta 1.5	W 1.7	Re 1.9	Os 2.2	Ir 2.2	Pt 2.2	Au 2.4	Hg 1.9	Tl 1.8	Pb 1.9	Bi 1.9	Po 2.0	At 2.2	
Fr 0.7	Ra 0.9	Ac 1.1	Th 1.3	Pa 1.5	U 1.38	Np 1.36	Pu 1.28	Am 1.3	Cm 1.3	Bk 1.3	Cf 1.3	Es 1.3	Fm 1.3	Md 1.3	No 1.3	Lr 1.3	

1.2　原子结合键

固体材料中的原子或分子通过结合键结合在一起。结合键的强弱从根本上决定了材料的力学、物理和化学性质。因此，通过一些近似理论对结合键强度及结合能大小进行分析计算，就可以预计材料的各种性质。

材料中的结合键可分为化学键和非化学键两大类。化学键即主价键（又称一次键），它包括金属键、离子键和共价键。在化学键形成过程中，原子的最外层电子状态都发生了显著变化。非化学键即次价键（又称二次键），包括范德瓦耳斯（van der Waals）键和氢键。

1.2.1　金属键

金属键是金属材料中典型的结合键。典型金属原子结构的特点是最外层电子数比较少，原子对其最外层电子的束缚力很弱。一般认为，原子的价电子极易挣脱原子核的束缚而成为自由电子，并在整个晶体内运动，即弥漫于金属正离子组成的晶格之中而形成电子云，自由电子将带正电的离子实从相互排斥的静电力中屏蔽起来。金属中的大量自由电子与金属正离子静电引力构成的键合称为金属键，如图 1-2 所示。

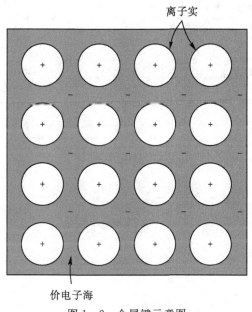

图 1-2　金属键示意图

由于金属键既无饱和性又无方向性。固体金属中正离子在空间中紧密排列，可以提高自由电子浓度，从而增强正离子与自由电子之间的静电作用，降低体系能量。因此，当金属原子之间的相互位置改变时，金属键不容易被破坏，使金属具有良好的延展性。同时，自由电子的存在使金属一般都具有较好的导电和导热性能。

1.2.2 离子键

当电负性相差较大的两类原子靠近时，一种原子（通常为金属原子）的外层电子很可能转移到另一种原子（非金属原子）的外壳层上，使两者都得到稳定的电子结构，从而降低体系的能量，此时金属原子和非金属原子分别形成正离子和负离子，正负离子间静电吸引，使原子结合在一起，这就是离子键。

大多数盐类、碱类和金属氧化物主要以离子键的方式结合。离子键要求正负离子作相间排列，并使异号离子之间吸引力达到最大，而同号离子间的斥力最小（见图1-3），故离子键无方向性和饱和性。因此，决定离子晶体结构的因素就是正负离子的电荷及几何因素。离子晶体中的离子一般都有较高的配位数。一般离子晶体中正负离子静电引力较强，离子键能大小通常介于600～1500 kJ/mol。因此，结合得牢固，则其熔点和硬度均较高。另外，在离子晶体中很难产生自由运动的电子，因此，它们都是良好的电绝缘体。但当处在高温熔融状态时，正负离子在外电场作用下可以自由运动，此时即呈现离子导电性。由于价电子的转移可能不完全，因此，一般情况下结合键不是100%的离子性。

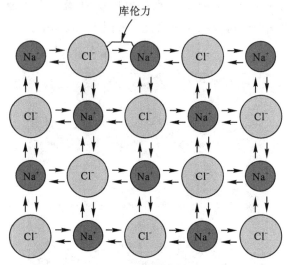

图1-3 NaCl离子键的示意图

1.2.3 共价键

共价键是由两个或多个电负性相差不大的原子间通过共用电子对而形成的化学键。共价结合的原子，每个原子至少贡献出一个电子作为共用。根据共用电子对在两成键原子之间是否偏离或偏近某一个原子，共价键又分成非极性键和极性键两种。

共价键在亚金属（碳、硅、锡、锗等）、聚合物和无机非金属材料中均占有重要地位。如 H_2、Cl_2、F_2，包含不同原子的分子如 CH_4、H_2O、HNO_3 和 HF 等，以及位于元素周期表右侧碳、硅、锗等元素组成的单质或固体化合物砷化镓（GaAs）、锑化铟（InSb）和碳化硅（SiC）都为共价键结合。图1-4为金刚石中碳原子间的共价键示意图。

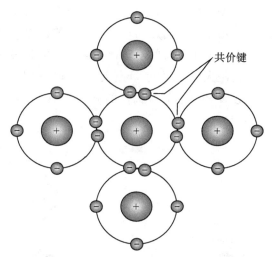

图 1-4　金刚石中碳原子间的共价键示意图

原子结构理论表明，除 s 亚层的电子云呈球形对称外，其他亚层如 p、d 等的电子云都有一定的方向性。在形成共价键时，为使电子云达到最大限度的重叠，共价键就有方向性，键的分布严格服从键的方向性；当一个电子和另一个电子配对以后，就不再和第三个电子配对了，成键的共用电子对数目是一定的，这就是共价键的饱和性。

另外，共价键晶体中各个键之间都有以下特点：确定的方位，配位数比较小，共价键的结合极为牢固，故共价晶体具有结构稳定、熔点高、质硬脆等。由于束缚在相邻原子间的"共用电子对"不能自由地运动，共价结合形成的材料一般是绝缘体，其导电能力较差。

需要说明的一点是，碳（或其他非金属物质）的共价键存在杂化现象。碳的电子结构为 $1s^2 2s^2 2p^0$，在与其他碳原子相结合时，2s 轨道和 2p 轨道电子混合，形成杂化轨道。当 2s 轨道中的一个轨道被提升到 2p 轨道形成 $1s^2 2s^1 2p^3$ 排布。此时，一个 2s 轨道和三个 2p 轨道全部杂化，产生四个完全等价、互成 109.5° 的 sp^3 杂化轨道。金刚石中的每一个碳原子就是与其他 4 个碳原子通过 sp^3 杂化结合的。另一种是 sp^2 杂化轨道，它是一个 2s 轨道与三个 2p 轨道中的两个混合，剩余的一个 2p 轨道不参与杂化。三个 sp^2 杂化轨道处于相同的平面，且轨道之间的夹角为 120°，未参与杂化的 $2p_z$ 轨道垂直于 sp^2 杂化轨道形成的平面。石墨即为典型的 sp^2 杂化，六个平面 sp^2 三角形相互结合形成一个六边形结构。而碳石墨烯、纳米管等也都可以看成是石墨片层或石墨片层的卷曲。

1.2.4　范德瓦耳斯力

当一个原子或分子的正电中心和负电中心之间存在一定距离时就会产生电偶极子。一个偶极子的正极与相邻偶极子的负极通过库伦吸引形成的键合即为范德瓦耳斯键，如图 1-5 所示。次价键的键能约为 4～30 kJ/mol，借助这种微弱的、瞬时的电偶极矩的感应作用，将原来具有稳定的原子结构的原子或分子结合为一体。根据成键机理，可以分为取向力、诱导力和色散力。其中，取向力是由极性原子团或分子的永久偶极之间的静电相互作用所引起的。诱导力是当极性分（原）子和非极性分（原）子相互作用时，极性分子可以诱发相邻的非极性分子产生偶极子，从而使两个分（原）子结合在一起。色散力是非极性分子瞬间偶极矩相互作用产生的吸引力；由于电子的运动，瞬间电子的位置对原子核是不对称的，也就是说正电荷重心和负电荷重心发生瞬时的不重合，从而产生瞬间偶极。色散力和相互作用分子的变形性有关，变形性越大（一般分子量愈大，变形性愈大），色散力越大。由于这种类型键的存在，惰性气体以及其他电荷对称性的分子如 H_2 和 Cl_2 的液化和固化才得以实现；色散力是次价键中强度最弱的一个。

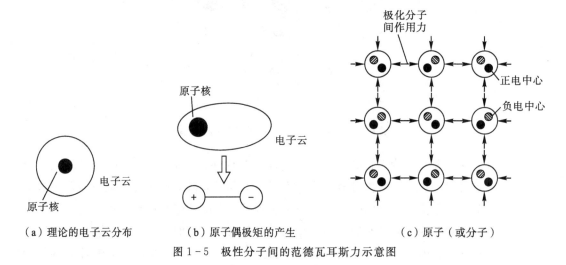

图 1-5　极性分子间的范德瓦耳斯力示意图

范德瓦耳斯力没有方向性和饱和性。它普遍存在于各种分子之间，其键能比化学键的键能小大约 2 个数量级，例如将水加热至沸点可以破坏范德瓦耳斯力而变为水蒸气，然而要破坏氢和氧之间的共价键则需要极高的温度。

1.2.5　氢键

氢键的本质与范德瓦耳斯键一样，也是电偶极矩作用。氢原子中的电子被其他原子共有，裸露的带正电的原子核能够强烈吸引近邻分子的负端（见图 1-6）。它的键能介于化学键与范德瓦耳斯力之间。氢键可以存在于分子内或分子间。氢键在高分子材料中特别重要，纤维素、尼龙和蛋白质等分子有很强的氢键，并显示出非常特殊的结晶结构和性能。氢键属于次价键，具有饱和性和方向性，存在于 HF、H_2O、NF_3 等分子间。

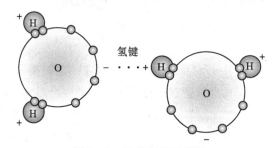

图 1-6　H_2O 氢键示意图

次价键的能量比较小，一些物理现象如物质溶解在另一种物质中、表面张力、毛细管作用、蒸气压、挥发性和黏度等都与次价键相关。我们的日常生活中遇到的很多现象如胶黏剂（范德瓦耳斯力作用）、干燥剂（水分子与干燥剂形成氢键）、高分子材料等都是次价键作用的结果。范德瓦耳斯力也能在很大程度上改变材料的性质。如不同的高分子聚合物之所以具有不同的性能，分子间的范德瓦耳斯力不同是一个重要的因素。

1.2.6　键合的多重性

对于许多实际材料，它们的原子之间形成的键通常是两种或更多的键的混合。例如，ⅣA 族的 Si、Ge 以共价键为主，金属键为辅，显示部分金属性；过渡族的 W、Mo 以金属键为主，共价键为辅，显示部分非金属性，这也正是它们具有高熔点的原因所在；金属间化合物一般为金属键-离子键的混合，陶瓷材料为共价键与离子键的混合。化合物 AB 中离子键的比例取决于组成元素 A 和 B 的电负性差，电负性相差越大，则离子键比例越高，反之则共价性就越高。元素 A 与元素 B 之间成键的离子性所占比例可以用 IC 近似表示：

$$\text{IC} = [1 - e^{-0.25(x_A - x_B)^2}] \times 100\% \tag{1-1}$$

式中，x_A 和 x_B 分别为 A 和 B 元素的电负性值。

又如，金刚石具有单一的共价键，而同族的 Si、Ge、Sn、Pb 元素在形成共价键结合的同时，则有一定比例的自由电子，即意味着存在一部分的金属键，而且同族元素的电负性自上至下逐渐下降，金属键所占的比例按族中自上至下的顺序递增，到 Pb 已成为完全的金属键结合。

另一种类型混合键表现为两种类型的键独立地存在，如一些气体分子以共价键结合，而分子凝聚则依靠范德瓦耳斯力，聚合物和许多有机材料的长链化合物分子内部为共价结合，链与链之间则为范德瓦耳斯力或氢键结合，石墨碳的片层上为共价结合，而片层间则为范德瓦耳斯力二次键结合。

1.2.7　结合键与性能

不论何种类型的结合键，固体原子之间都存在吸引力和排斥力两种力。吸引力来自成键过程中的静电吸引，而排斥力是一种短程力，只有当相邻原子或离子间距减小到轨道电子云相互重叠时，排斥力迅速升高。因此，存在一个平衡距离，此时吸引力和排斥力相等，原子在平衡位置处振动，平衡间距也就是实际观测的原子间距。相应的结合能即把两个原子完全分开所需的功，平衡位置处对应的位能最低就是结合能，结合能数值越大原子结合得越稳定。

根据材料结合键的类型及键能大小可以比较材料的某些性能。如弹性模量、热膨胀系数、密度、塑性、电导率、热导率等。

熔点的高低代表了材料稳定性的程度。物质加热时，当热振动能足以破坏相邻原子间的稳定结合时，便会发生熔化，所以熔点与键能值有较好的对应关系。共价键、离子键化合物的熔点较高，其中纯共价键的金刚石具有最高的熔点，金属的熔点相对较低，这是陶瓷材料比金属具有更高热稳定性的根本原因。金属中过渡族金属有较高的熔点，特别是难熔金属 W、Mo、Ta 等熔点更高，这可能由于内壳层电子未充满，使结合键中有一定比例的共价键混合所致。具有二次键结合特性的材料，它们的熔点一定偏低，如聚合物等。还可以根据原子间作用势能曲线的形状分析材料的热膨胀性能。

大多数金属有较高的密度。一方面是因为金属元素有较高的相对原子质量，更重要的则是金属键的结合方式没有方向性，所以金属原子总是趋于密集排列。相反，对于离子键或共价键结合的情况，原子排列不可能很致密。共价结合时，相邻原子的个数要受到共价键数目的限制；离子键结合时，则要满足正、负离子间电荷平衡的要求，它们的相邻原子数都不如金属多，所以陶瓷材料的密度较低。聚合物由于其由二次键结合，分子链堆垛不紧密，加上组成原子的质量较小，在工程材料中具有最低的密度数据。

金属中自由电子的存在使金属材料具有良好的导电性和导热性，而由非金属键结合的陶瓷、聚合物均在固态下不导电。金属键赋予材料良好的塑性，而离子键、共价键结合，使塑性变形困难，所以陶瓷材料的塑性很差。

弹性模量是材料应力应变曲线上弹性变形段的斜率，在拉伸变形中通常称它为杨氏模量。从微观角度看，晶体在外力作用下，发生弹性变形对应着原子间距的变化，拉伸时从平衡距离拉开，压缩时则缩短，离开平衡距离后原子间将产生吸引力或排斥力，一旦外力卸除，原子在吸引力或排斥力作用下回到平衡距离，晶体就会恢复原状。这种性质与弹簧很相似，故可把原子结合比喻成很多小弹簧的连结。结合键能是影响弹性模量的主要因素，两者间有很好的对应关系，结合键能越大，则弹性模量越大。对于工程材料的强度，除考虑结合键能大小外，很大程度上还取决于材料的其他结构因素，如材料的组织，因此强度将在更宽的幅度内变化，它与键能之间的对应关系不如弹性模量明显。

习　题

1. 原子中的电子按照什么规律排列？什么是泡利不相容原理？
2. 简述一次键和二次键的差异。
3. 描述氢键的本质，什么情况下容易形成氢键？
4. 为什么金属键结合的固体材料的密度比离子键或共价键结合的固体材料的密度更高？
5. 分别计算 NaF 和 CaO 晶体的离子键与共价键的相对比例。

第 2 章

晶体结构

2.1　晶体学基础

2.1.1　晶体和非晶体

一般把质点(原子、离子或分子)在三维空间呈周期性重复排列的固体称为晶体,除此之外的材料称为非晶体。应用 X 射线衍射、电子衍射等实验方法不仅可以证实这个区别,还能确定各种晶体中原子排列的具体方式(即晶体结构的类型)、原子间距以及关于晶体的其他许多重要情况。需要指出的是,由于准晶材料的发现,对晶体定义有了新的表述:晶体是有明确衍射图案的固体。目前只在合金类的非单质系统中发现准晶,因此准晶结构可能与不同原子尺寸的配合有关。所发现的多数准晶处于由急冷造成的不稳定或亚稳定的非平衡状态。目前对准晶结构的了解还在不断完善过程中。

区分晶体还是非晶体,不能根据它们的外观,而应从其内部的原子排列情况来确定。显然,气体和液体都是非晶体。在液体中,原子亦处于紧密聚集的状态,但不存在长程的周期性排列。固态的非晶体实际上是一种过冷状态的液体,只是其物理性质不同于通常的液体而已,也称为非晶态、无定形态或玻璃态。常见的非晶体有玻璃、石蜡、沥青等。晶体有固定的熔点,非晶体无固定的熔点。非晶体沿任何方向测定其性能,所得的结果都是一致的,即各向同性。在一个晶体的不同方向所测得的性能并不一定相同(如导电性、导热性、热膨胀性、弹性、强度、光学数据以及外表面的化学性质等),称为各向异性。相对于非晶体,晶体有最小的内能,因此非晶体能自发地向晶体转变,而晶体不可能自发地转变为其他物态。晶体可进一步分为单晶体和多晶体。由一个核心(称为晶核)生长而成的晶体称为单晶体。在单晶体中,原子都是按同一取向排列的。

一些天然晶体如金刚石、水晶等都是单晶体,而金属材料通常由许多不同取向的小晶体所组成,称为多晶体。这些小晶体往往呈颗粒状,具有不规则的外形,故称为晶粒。晶粒与晶粒之间的界面称为晶界。多晶体材料一般不显示各向异性,这是因为它包含大量的彼此位向不同的晶粒,虽然每个晶粒有异向性,但整块金属的性能则是它们性能的平均值,故表现为各向同性。根据结合键类型不同,晶体可分为金属晶体、离子晶体、共价晶体和分子晶体,不同晶体材料的结构不同。晶体中原子(离子或分子)在三维空间的具体排列方式称为晶体结构。材料的性质通常都与其晶体结构有关,因此研究和控制材料的晶体结构，对制造、使用和发展材料均具有重要的意义。下面介绍晶体学的一些基础知识，以便于进一步讨论纯金属晶体、离子晶体和共价晶体的结构。

2.1.2 空间点阵和晶胞

在实际晶体中，由于组成晶体的物质质点及其排列的方式不同，可能存在的晶体结构有无限多种。由于晶体结构的种类繁多，不便于对其规律进行全面的系统性研究，故人为地将晶体结构抽象为空间点阵。所谓空间点阵，是指由几何点在三维空间作周期性的规则排列所形成的三维阵列。构成空间点阵的每一个点称为阵点或结点。为了表达空间点阵的几何规律，常人为地将阵点用一系列相互平行的直线连接起来形成空间格架称为晶格。构成晶格的最基本单元称为晶胞，晶胞在三维空间重复堆砌就构成了空间点阵。

在同一空间点阵中可以选取多种不同形状和大小的平行六面体作为晶胞。根据人们的视觉习惯，规定在选取晶胞时：①要能充分反映整个空间点阵的对称性，②晶胞要具有尽可能多的直角，③所选取的晶胞体积要最小。选择好晶胞后，为描述晶胞的形状和大小，通常以晶胞角上的某一阵点为原点建立坐标系，以该晶胞上过原点的三个棱边为坐标轴 x、y、z（称为晶轴），则晶胞的形状和大小即可由这三个棱边的长度 a、b、c（称为点阵常数）及其夹角 α、β、γ 这六个参数完全表达出来（见图 2-1）。显然，只要任选一个阵点为原点，将 a、b、c 三个点阵矢量（称为基矢）作平移，就可得到整个点阵。点阵中任一阵点的位置均可用下列矢量表示：

$$r_{uvw} = ua + vb + wc \qquad (2-1)$$

式中，r_{uvw} 为由原点到某阵点的矢量；u、v、w 分别为沿三个点阵矢量方向平移的基矢数，即阵点在 x、y、z 轴上的坐标值。

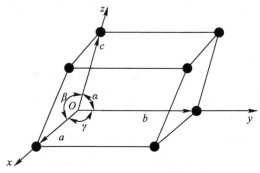

图 2-1　晶胞和点阵矢量

2.1.3 晶系和布拉维点阵

在对晶体分类时，如果只考虑 a、b、c 是否相等，α、β、γ 是否相等及它们是否呈直角等因素，而不涉及晶胞中原子的具体排列情况，这样可将所有晶体分成七种类型或称七个晶系，如表 2-1 所示。1848 年布拉维（A. Bravais）根据"每个阵点的周围环境相同"的要求，用数学分析法证明晶体中的空间点阵只有 14 种，并称之为布拉维点阵。其晶胞如图 2-2 所示，表 2-1 则把它们归属于七个晶系。

表 2-1 14 种布拉维点阵与七大晶系

布拉维点阵	晶系	棱边长度与夹角关系
简单立方、体心立方、面心立方	立方	$a=b=c$，$\alpha=\beta=\gamma=90°$
简单四方、体心四方	四方	$a=b\neq c$，$\alpha=\beta=\gamma=90°$
简单菱方	菱方	$a=b=c$，$\alpha=\beta=\gamma\neq90°$
简单六方	六方	$a=b$，$\alpha=\beta=90°$，$\gamma=120°$
简单正交、底心正交、体心正交、面心正交	正交	$a\neq b\neq c$，$\alpha=\beta=\gamma=90°$
简单单斜、底心单斜	单斜	$a\neq b\neq c$，$\alpha=\beta=90°\neq\gamma$
简单三斜	三斜	$a\neq b\neq c$，$\alpha\neq\beta\neq\gamma\neq90°$

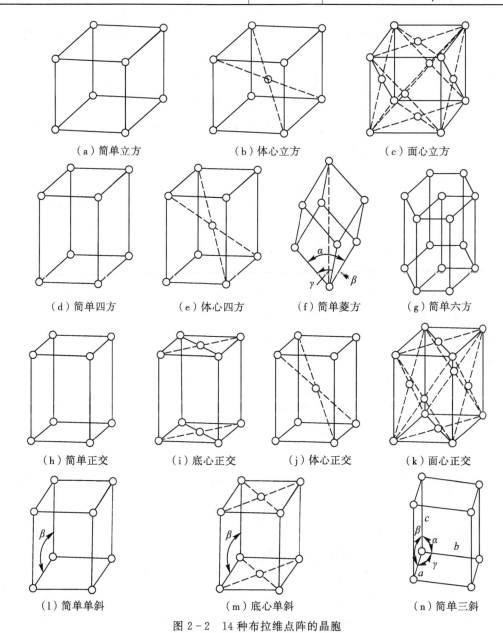

（a）简单立方   （b）体心立方   （c）面心立方

（d）简单四方   （e）体心四方   （f）简单菱方   （g）简单六方

（h）简单正交   （i）底心正交   （j）体心正交   （k）面心正交

（l）简单单斜   （m）底心单斜   （n）简单三斜

图 2-2 14 种布拉维点阵的晶胞

2.1.4　晶向指数和晶面指数

空间点阵中各阵点列的方向代表晶体中原子排列的方向，称为晶向。通过空间点阵中的任意一组阵点的平面代表晶体中的原子平面，称为晶面。国际上通用的是以米勒(W. H. Miller)指数来表示不同的晶向和晶面。

1. 晶向指数

晶向指数是表示晶体中点阵方向的指数，由晶向上阵点的坐标值决定。其确定步骤为：首先以晶胞中待定晶向上的某一阵点 O 为原点，以过原点的晶轴为坐标轴，以晶胞的点阵常数 a、b、c 分别为 x、y、z 坐标轴的长度单位，建立坐标系。其次，在待定晶向 OP 上确定距原点最近的一个阵点 P 的三个坐标值。最后，将三个坐标值分别化为最小整数 u、v、w，并加方括号，即得待定晶向 OP 的晶向指数 $[uvw]$。如果 u、v、w 中某一数为负值，则将负号标注在该数的上方。晶体中原子排列情况相同但空间位向不同的一组晶向称为晶向族，用 $<uvw>$ 表示。例如立方晶系中的 $[111]$、$[\bar{1}11]$、$[1\bar{1}1]$、$[11\bar{1}]$、$[\bar{1}\bar{1}1]$、$[1\bar{1}\bar{1}]$、$[\bar{1}1\bar{1}]$、$[\bar{1}\bar{1}\bar{1}]$ 八个晶向是立方体中四个体对角线的方向，它们的原子排列情况完全相同，属于同一晶向族，故用 $<111>$ 表示。

2. 晶面指数

晶面指数是表示晶体中点阵平面的指数，由晶面与三个坐标轴的截距值所决定。其确定步骤为：首先，以晶胞的某一阵点 O 为原点(注意坐标原点不能选在待定晶面上)，以过原点的晶轴为坐标轴，以点阵常数 a、b、c 为三个坐标轴的长度单位，建立坐标系。其次，求出待定晶面在三个坐标轴上的截距(如果该晶面与某坐标轴平行，则其截距为 ∞)。最后，取三个截距值的倒数，并将上述三个截距的倒数分别化为最小整数 h、k、l，并加圆括号，即得待定晶面的晶面指数 (hkl)。如果晶面在坐标轴上的截距为负值，则将负号标注在相应指数的上方。与晶向族类似，晶面上的原子排列情况和晶面间距完全相同，只是空间位向不同的各组晶面称为晶面族，用 $\{hkl\}$ 表示。

六方晶系的晶向指数和晶面指数的标定方法与三轴坐标系相同，采用 a_1、a_2、a_3 和 c 四个坐标轴，用 $(hkil)$ 四个数来表示晶面指数，用 $[uvtw]$ 四个数来表示晶向指数。

3. 晶面间距

晶面间距是指相邻两个平行晶面之间的距离。晶面间距越大，晶面上原子的排列就越密集，晶面间距最大的晶面通常是原子最密排的晶面。晶面族 $\{hkl\}$ 指数不同，其晶面间距亦不相同，通常是低指数的晶面其间距较大。晶面间距 d_{hkl} 与晶面指数 (hkl) 和点阵常数 $(a，b，c)$ 之间有如下关系：

$$\begin{cases} 正交晶系：d_{hkl}=1/[(h/a)^2+(k/b)^2+(l/c)^2]^{1/2} \\ 四方晶系：d_{hkl}=1/[(h^2+k^2)/a^2+(l/c)^2]^{1/2} \\ 立方晶系：d_{hkl}=a/[h^2+k^2+l^2]^{1/2} \\ 六方晶系：d_{hkl}=1/[(4/3)(h^2+hk+k^2)/a^2+(l/c)^2]^{1/2} \end{cases} \quad (2-2)$$

2.2 纯金属晶体结构

金属晶体中的结合键是金属键，由于金属键没有方向性和饱和性，使大多数金属晶体都具有排列紧密、对称性高的简单晶体结构。

2.2.1 密排晶体结构

图 2-3(a)所示为原子密排面的一部分，把一个密排面上所有原子的中心标记为 A，在此密排面上存在两组等价的由三个相邻原子形成的三角形空隙，三角形顶点向上的空隙记为位置 B，三角形顶点向下的空隙记为位置 C，第二个密排面上的原子可以放置在位置 B 或 C 上(这两个位置是等价的)，假设第二个密排面上的原子位于 B 处，这样的堆垛顺序称为 AB，如图 2-3(b)所示。

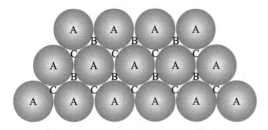
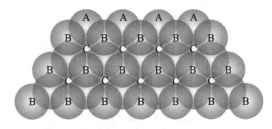

（a）原子的一个密排面（A、B、C位置已标出）　　　（b）密排面的AB堆垛

图 2-3　原子密排面的堆垛

最常见的典型金属通常具有面心立方(A1 或 fcc)、体心立方(A2 或 bcc)和密排六方(A3 或 hcp)三种晶体结构，这三种晶体结构的晶胞分别如图 2-4、图 2-5、图 2-6 所示。面心立方和密排六方结构的区别在于第三个密排面的放置情况。对于密排六方结构，第三个密排面上原子的中心与第一个密排面上的位置 A 对齐，堆垛顺序是 ABABAB…(与ACACAC…的堆垛顺序是等价的)。

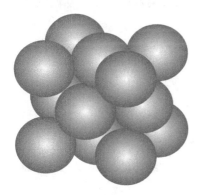
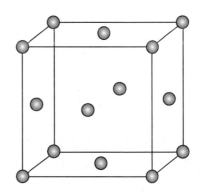

（a）刚性球模型　　　　　　　　（b）晶胞模型

图 2-4　面心立方结构

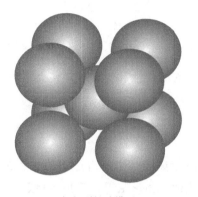
（a）刚性球模型

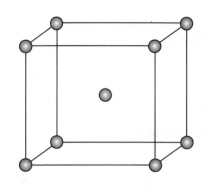
（b）晶胞模型

图 2-5　体心立方结构

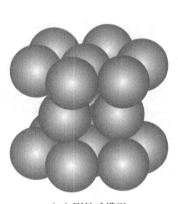
（a）刚性球模型

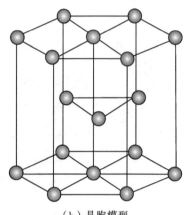
（b）晶胞模型

图 2-6　密排六方结构

2.2.2　点阵常数

晶胞的棱边长度 a、b、c 称为点阵常数。如把原子看作半径为 r 的刚性球，则由几何学知识即可求出 a、b、c 与 r 之间的关系：

$$\begin{cases} \text{体心立方结构}(a=b=c)\text{：} a=4(\sqrt{3}/3)r \\ \text{面心立方结构}(a=b=c)\text{：} a=2\sqrt{2}r \\ \text{密排六方结构}(a=b\ne c)\text{：} a=2r \end{cases} \quad (2-3)$$

式中，点阵常数的单位是 nm，1 nm$=10^{-9}$ m。

三种典型晶体结构的常见金属及其点阵常数如表 2-2 所示。实际上原子半径随原子周围近邻的原子数和结合键的变化而变化。如密排六方结构的轴比 $c/a=1.633$，但实际金属的轴比常偏离此值。

表 2-2　一些重要金属的点阵常数

金属	点阵类型	点阵常数/nm	金属	点阵类型	点阵常数/nm
Al	A1	0.40496	W	A2	0.31650
γ-Fe	A1	0.36468(916 ℃)	Be	A3	$a=0.22856$　$c/a=1.5677$
Ni	A1	0.35236			$c=0.35832$
Cu	A1	0.36147	Mg	A3	$a=0.32094$　$c/a=1.6235$
Rh	A1	0.38044			$c=0.52105$
Pt	A1	0.39239	Zn	A3	$a=0.26649$　$c/a=1.8563$
Ag	A1	0.40857			$c=0.49468$
Au	A1	0.40788	Cd	A3	$a=0.29788$　$c/a=1.8856$
V	A2	0.30782			$c=0.56167$
Cr	A2	0.28846	α-Ti	A3	$a=0.2944$　$c/a=1.5875$
α-Fe	A2	0.28664			$c=0.46737$
Nb	A2	0.33007	α-Co	A3	$a=0.2502$　$c/a=1.623$
Mo	A2	0.31468			$c=0.4061$

注：除注明温度外，均为室温数据。

2.2.3　晶胞中的原子数

位于晶胞顶角处的原子为几个晶胞所共有，而位于晶胞面上的原子为两个相邻晶胞所共有，只有在晶胞体内才为一个晶胞所独有。每个晶胞所含有的原子数(N)可用下式计算：

$$N=N_i+N_f/2+N_r/m \qquad (2-4)$$

式中，N_i、N_f、N_r 分别表示位于晶胞内部、面心和角顶上的原子数；m 为晶胞类型参数，立方晶系的 $m=8$，六方晶系的 $m=6$。三种晶胞中的原子数如表 2-3 所示。

表 2-3　三种典型金属晶体结构的特征

晶体类型	原子密排面	原子密排方向	晶胞中的原子数	配位数(CN)	致密度(K)
A1(fcc)	{111}	<110>	4	12	0.74
A2(bcc)	{110}	<111>	2	6	0.68
A3(hcp)	{0001}	<11$\bar{2}$0>	6	12(6+6)	0.74

2.2.4　配位数、致密度和密度

晶体中原子排列的紧密程度与晶体结构类型有关。为了定量地表示原子排列的紧密程度，通常采用配位数和致密度这两个参数。

1. 配位数

晶体结构中任一原子周围最近邻且等距离的原子数(CN)为配位数。

2. 致密度

晶体结构中原子体积占总体积的百分数(K)为致密度。如以一个晶胞来计算，则致密度就是晶胞中原子体积与晶胞体积之比值，即

$$K = Nv/V \qquad (2-5)$$

式中，N 是一个晶胞中的原子数；v 是一个原子的体积，$v = (4/3)\pi r^3$；V 是晶胞的体积。

三种典型晶体结构的配位数和致密度如表 2-3 所示。

应当指出，在密排六方结构中只有当 $c/a = 1.633$ 时，配位数才为 12。如果 $c/a \neq 1.633$，则有 6 个最近邻原子（同一层的原子）和 6 个次近邻原子（上、下层的各 3 个原子），其配位数应计为 6+6。

由前面的讨论可知，面心立方和密排六方晶体结构的致密度都是 0.74，这是等直径的球体或原子的最致密的排列方式。这两种晶体结构可以用原子密排面（即具有最大的原子或球体堆积密度的平面）的堆垛来描述，它们之间的差异在于堆垛顺序的不同。

3. 密度

金属晶体的理论密度(ρ)可以通过下式进行计算：

$$\rho = NM/VN_A \qquad (2-6)$$

式中，N 为一个晶胞中的原子数；M 为摩尔质量；V 为晶胞的体积；N_A 为阿伏伽德罗常数。

例题 铜的原子半径为 0.128 nm(1.28 Å)，具有 fcc 的晶体结构，摩尔质量为 63.5 g/mol，计算其理论密度。

解 铜的晶体结构为 fcc，一个晶胞中的原子数 $N=4$。根据 fcc 晶胞点阵常数 a 与原子半径 r 之间的关系 $a = 2\sqrt{2}r$，晶胞体积 $V = a^3 = 16\sqrt{2}r^3$。

铜的理论密度 ρ_{Cu} 为

$$\rho_{Cu} = \frac{NM_{Cu}}{VN_A} = \frac{4 \times 63.5 \text{ g} \cdot \text{mol}^{-1}}{16\sqrt{2}(1.28 \times 10^{-8} \text{ cm})^3 \times 6.023 \times 10^{23} \text{ mol}^{-1}} = 8.89 \text{ g} \cdot \text{cm}^{-3}$$

上述结果与铜的测量密度 8.94 g/cm³ 非常接近。

2.2.5 晶体结构中的间隙

从晶体中原子排列的刚性球模型和对致密度的分析可以看出，金属晶体中存在许多间隙，如图 2-7、图 2-8、图 2-9 所示。其中位于 6 个原子所组成的八面体中间的间隙称为八面体间隙；位于 4 个原子所组成的四面体中间的间隙称为四面体间隙。设金属原子的半径为 r_A，间隙中所能容纳的最大圆球半径为 r_B（间隙半径）。可以求出三种典型晶体结构中四面体间隙和八面体间隙的 r_B/r_A 值，其计算结果如表 2-4 所示。面心立方结构中的八面体间隙及四面体间隙与密排六方结构中的同类型间隙的形状相似，都是正八面体和正四面体，在原子半径相同的条件下两种结构的同类型间隙的大小也相等，且八面体间隙大

于四面体间隙；而体心立方结构中的八面体间隙却比四面体间隙小，且二者的形状都是不对称的，其棱边长度不完全相等。

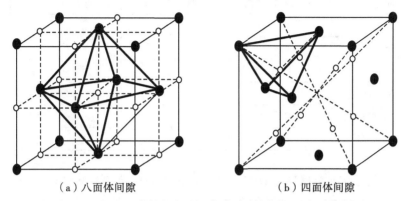

（a）八面体间隙　　　　　　　（b）四面体间隙

图 2-7　面心立方结构中的间隙（●金属原子，○间隙位置）

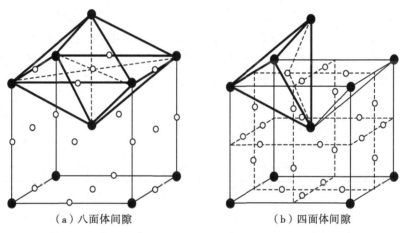

（a）八面体间隙　　　　　　　（b）四面体间隙

图 2-8　体心立方结构中的间隙（●金属原子，○间隙位置）

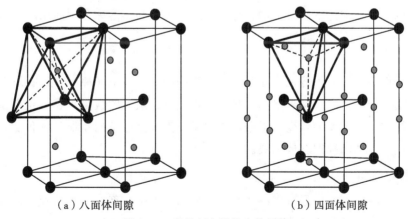

（a）八面体间隙　　　　　　　（b）四面体间隙

图 2-9　密排六方结构中的间隙

表 2-4　三种典型晶体结构中的间隙

晶体类型	间隙类型	一个晶胞内的间隙数	原子半径 r_A	间隙半径 r_B	r_B/r_A
A1(fcc)	正四面体	$8/4=2$	$a\sqrt{2}/4$	$(\sqrt{3}-\sqrt{2})a/4$	0.225
	正八面体	$4/4=1$		$(2-\sqrt{2})a/4$	0.414
A2(bcc)	四面体	$12/2=6$	$a\sqrt{3}/4$	$(\sqrt{5}-\sqrt{3})a/4$	0.291
	扁八面体	$6/2=3$		$(2-\sqrt{3})a/4$	0.155
A3(hcp)	四面体	$12/6=2$	$a/2$	$(\sqrt{6}-2)a/4$	0.225
	正八面体	$6/6=1$		$(\sqrt{2}-1)a/2$	0.414

需要说明的是，许多金属元素具有两种或两种类型以上的晶体结构。当外界条件（主要指温度和压力）改变时，元素的晶体结构可以发生转变，把材料的这种性质称为多晶型性。这种转变称为多晶型转变或同素异构转变。例如，铁在 912 ℃以下为体心立方结构，称为 α-Fe；在 912～1394 ℃为面心立方结构，称为 γ-Fe；当温度超过 1394 ℃时，又变为体心立方结构，称为 δ-Fe；在高压下（150 kPa）铁还可以具有密排六方结构，称为 ε-Fe。碳具有六方结构和金刚石结构两种晶型。当晶体结构改变时，金属的性能（如体积、强度、塑性、磁性、导电性等）往往要发生突变。

2.3　合金材料结构

虽然纯金属在工业中有着重要的用途，但由于其强度低等原因，工业上广泛使用的金属材料绝大多数是合金。所谓合金，是指由两种或两种以上的金属或金属与非金属经熔炼、烧结或其他方法组合而成，并具有金属特性的物质。组成合金的基本的、独立的物质称为组元。组元可以是金属或非金属元素，也可以是化合物。例如，应用最普遍的碳钢和铸铁就是主要由铁和碳所组成的合金；黄铜则为铜和锌的合金。根据合金组成元素及其原子相互作用的不同，固态下所形成的合金相基本上可分为固溶体和中间相两大类。

2.3.1　固溶体

固溶体是以某一组元为溶剂，在其晶体点阵中溶入其他组元原子（溶质原子）所形成的均匀混合的固态溶体，它保持着溶剂的晶体结构类型，组元的含量可在一定范围内改变而不会导致固溶体结构类型的改变。根据溶质原子在溶剂晶体结构中所处的位置，可将固溶体分为置换固溶体和间隙固溶体两类。

1. 置换固溶体

当溶质原子溶入溶剂中形成固溶体时，溶质原子占据溶剂点阵的阵点，或者说溶质原子置换了溶剂点阵的部分溶剂原子，这种固溶体就称为置换固溶体。

金属元素彼此之间一般都能形成置换固溶体，但溶解度视不同元素而异，有些能无限溶解，有的只能有限溶解。影响溶解度的因素很多，主要取决于以下几个因素。

（1）晶体结构

晶体结构相同是组元间形成无限固溶体的必要条件。只有当组元 A 和 B 的结构类型相同时，B 原子才有可能连续不断地置换 A 原子。显然，如果两组元的晶体结构类型不同，组元间的溶解度只能是有限的。形成有限固溶体时，若溶质元素与溶剂元素的结构类型相同，则溶解度通常也较不同结构时更大。

（2）原子尺寸因素

在其他条件相近的情况下，溶质原子与溶剂原子的半径相对差异 δ 约小于 15% 时，有利于形成溶解度较大的固溶体；而当 δ 超过约 15% 时，则溶解度变得非常有限。原子尺寸因素的影响主要与溶质原子的溶入所引起的晶格畸变有关，δ 越大，溶入后晶格畸变程度越大，畸变能越高，结构的稳定性越低，溶解度越小。

（3）电负性因素

溶质与溶剂元素之间的电负性相差越大，越倾向于生成化合物而不是固溶体。生成的化合物越稳定，则固溶体的溶解度越小。通常认为电负性相差小于 0.4 左右时，才有可能具有较大的固溶度。

（4）价电子浓度

价电子浓度定义为合金中价电子总数 e 与原子总数 a 的比值。设 m、n 分别为溶剂和溶质的原子价，x 为溶质的原子分数，则价电子浓度为

$$e/a = m(1-x) + nx$$

在讨论相结构中的电子浓度时，把 Fe、Co、Ni、Pd 和 Pt 等认为是零价。当价电子浓度超过一定的界限后，体系能量增加使固溶体变得不稳定，因此对应固溶体的溶解度极限，存在一定的极限电子浓度。一些以 fcc 结构的贵金属（Cu、Ag、Au）为基的固溶体，其最大溶解度对应的价电子浓度在 1.3～1.4，如 Zn、Ga、Ge 和 As，随着价电子的增加，在 Cu 中的最大溶解度降低，分别为 38%、20%、12% 和 7%。体心立方结构的金属也可能存在类似关系，如 Rh 和 Ru 在体心立方结构 Mo 中最大固溶度对应的价电子浓度约为 6.6。

（5）相对价效应

两元素的固溶度还与其相对价有关。高价元素在低价元素中的固溶度总是大于低价元素在高价元素中的固溶度。单价的 Cu、Ag、Au 与周期表中的 B 族元素形成合金时，这一效应是正确的。但当两种高价元素合金化时，相对价效应不一定正确。

需要指出的是，除了上述讨论的因素外，固溶度还与温度有关，在大多数情况下，温度升高，固溶度升高；而对少数含有中间相的复杂合金来说，情况则相反。

2. 间隙固溶体

溶质原子分布于溶剂晶格间隙而形成的固溶体称为间隙固溶体。当溶质原子半径很小，致使 δ 大于 40% 时，溶质原子就可能进入溶剂晶格间隙中而形成间隙固溶体。形成间隙固溶体的溶质原子通常是原子半径小于 0.1 nm 的一些非金属元素，如 H、O、N、C、B 等（它们的原子半径分别为 0.046 nm、0.060 nm、0.071 nm、0.077 nm 和 0.097 nm）。

间隙固溶体的溶解度不仅与溶质原子的大小有关，还与溶剂晶体结构中间隙的形状和

大小等因素有关。实际金属晶体结构中，间隙原子大多处在八面体间隙中，间隙半径通常比溶质原子的半径小，如 γ-Fe 的八面体间隙半径为 0.053 nm，α-Fe 的八面体间隙半径为 0.019 nm。当溶质原子进入间隙后，会引起溶剂晶格畸变，点阵常数变大，能量升高，稳定性降低，因此间隙固溶体都是有限固溶体，而且溶解度很小。

例题 体心立方结构中的八面体间隙和四面体间隙的半径分别为 $0.154r$ 和 $0.291r$（r 为原子半径），为什么间隙原子处在八面体间隙而不是四面体间隙中？

解 体心立方的八面体间隙是不对称的，在 <100> 方向上八面体间隙半径为 $0.154r$，比四面体间隙的尺寸小，但在 <110> 方向上的八面体间隙半径却为 $0.633r$，比四面体间隙的尺寸大得多，当 C 原子挤入时只要推开 z 轴方向的上下两个铁原子即可，这与挤入四面体间隙要同时推开四个铁原子相比较为容易，所以溶质原子处在八面体间隙中。

3. 固溶体的特点

溶质原子的溶入导致固溶体的点阵常数、力学性能、物理和化学性能产生了不同程度的变化。例如，固溶体虽然仍保持着溶剂的晶体结构，但由于溶质与溶剂的原子大小不同，总会引起点阵畸变并导致点阵常数发生变化。同时由于晶格畸变造成固溶体的强度和硬度升高，而塑性降低，这种现象称为固溶强化。点阵畸变增大，还会导致固溶体的电阻率 ρ 升高。还有一些固溶体，如 Si 溶入 α-Fe 中可以提高磁导率，Cr 固溶于 α-Fe 中，当 Cr 的原子数分数达到 12.5% 时，Fe 的电极电位由 -0.60 V 突然上升到 $+0.2$ V，从而有效地抵抗空气、水汽、稀硝酸等的腐蚀。

2.3.2 中间相

两组元 A 和 B 组成合金时，除了可形成以 A 为基或以 B 为基的固溶体（端际固溶体）外，还可能形成晶体结构与 A、B 两组元均不相同的新相。由于它们在二元相图上的位置总是位于中间，故通常把这些相称为中间相。

中间相可以是化合物，也可以是以化合物为基的固溶体（称为第二类固溶体或称为二次固溶体）。中间相可用化合物的化学分子式表示。在大多数中间相中，原子间的结合方式属于金属键与其他典型键（如离子键、共价键和分子键）相混合的一种结合方式。因此，它们都具有金属性。正是由于中间相中各组元间的结合含有金属的结合方式，所以表示它们组成的化学分子式并不一定符合化合价规律，如 CuZn、Fe_3C 等。

和固溶体一样，电负性、电子浓度和原子尺寸对中间相的形成及晶体结构都有影响。据此，可将中间相分为正常价化合物、电子化合物、与原子尺寸因素有关的化合物和超结构（有序固溶体）等几大类，下面主要介绍前三种。

1. 正常价化合物

正常价化合物是由两组元之间电负性差起主要作用而形成的化合物。如一些金属与电负性较强的ⅣA、ⅤA、ⅥA族的一些元素按照化学上的原子价规律所形成的化合物称为正常价化合物。它们的成分可用分子式来表达，如 Mg_2Pb、Mg_2Sn、Mg_2Si、SiC。正常价化合物的稳定性与组元间电负性差有关。电负性差越小，化合物越不稳定，越趋于金属键结合；电负性差越大，化合物越稳定，越趋于离子键结合。

2. 电子化合物

这类化合物的特点：电子浓度是决定晶体结构的主要因素。凡具有相同的电子浓度，则相的晶体结构类型相同。电子浓度用化合物中每个原子平均所占有的价电子数(e/a)来表示。电子浓度为 21/12 的电子化合物称为 ε 相，具有密排六方结构；电子浓度为 21/13 的为 γ 相，具有复杂立方结构；电子浓度为 21/14 的为 β 相，一般具有体心立方结构，有时还可能呈复杂立方的 β - Mn 结构或密排六方结构。这是由于除主要受电子浓度影响外，其晶体结构也同时受尺寸因素及电化学因素的影响。电子化合物虽然可用化学分子式表示，但不符合化合价规律，实际上其成分是在一定范围内变化的，可视其为以化合物为基的固溶体，其电子浓度也在一定范围内变化。电子化合物中原子间的结合方式以金属键为主，故具有明显的金属特性。

3. 与原子尺寸因素有关的化合物

一些化合物类型与组成元素原子尺寸的差别有关，当两种原子半径差很大的元素形成化合物时，倾向于形成间隙相和间隙化合物，而中等程度差别时则倾向形成拓扑密堆相，现分别讨论如下。

(1)间隙相和间隙化合物

原子半径较小的非金属元素如 C、H、N、B 等可与金属元素(主要是过渡族金属)形成间隙相或间隙化合物。这主要取决于非金属(X)和金属(M)原子半径的比值 r_X/r_M；当 $r_X/r_M \leqslant 0.59$ 时，可能形成具有简单晶体结构的相，称为间隙相；当 $r_X/r_M > 0.59$ 时，可能形成具有复杂晶体结构的相，通常称为间隙化合物。

由于 H 和 N 的原子半径仅为 0.046 nm 和 0.071 nm，尺寸小，故它们与所有的过渡族金属都满足 $r_X/r_M < 0.59$ 的条件，因此，过渡族金属的氢化物和氮化物都是间隙相。而 B 的原子半径为 0.097 nm，尺寸较大，则过渡族金属的硼化物均为间隙化合物。至于 C 则处于中间状态，原子半径较大的过渡族元素的碳化物如 TiC、VC、NbC、WC 等是结构简单的间隙相，而原子半径较小的过渡族元素的碳化物如 Fe_3C_7、Cr_7C_3、Fe_3W_3C 等则是结构复杂的间隙化合物。

①间隙相。

间隙相具有比较简单的晶体结构，如面心立方(fcc)、密排六方(hcp)，少数为体心立方(bcc)或简单六方结构，它们与组元的结构均不相同。在晶体中，金属原子占据正常的位置，而非金属原子规则地分布于晶格间隙中，这就构成了一种新的晶体结构。非金属原子在间隙相中占据什么间隙位置，也主要取决于原子尺寸的因素。当 $r_X/r_M < 0.414$ 时，可进入四面体间隙；若 $r_X/r_M \geqslant 0.414$ 时，则进入八面体间隙。

间隙相的分子式一般为 M_4X、M_2X、MX 和 MX_2 四种。常见的间隙相及其晶体结构如表 2 - 5 所示。

表 2-5　间隙相举例

分子式	间隙相举例	金属原子排列类型
M_4X	Fe_4N，Mn_4N	面心立方
M_2X	Ti_2H，Zr_2H，Fe_2N，Cr_2N，V_2N，W_2C，Mo_2C，V_2C	密排六方
MX	TaC，TiC，ZrC，VC，ZrN，VN，TiN，CrN，ZrN，TiH	面心立方
	TaH，NbH	体心立方
	WC，MoN	简单六方
MX_2	TiH_2，ThH_2，ZrH_2	面心立方

在密排结构(fcc 和 hcp)中，八面体和四面体间隙数与晶胞内原子数的比值分别为 1 和 2。非金属原子填满八面体间隙时，间隙相的成分恰好为 MX，结构为 NaCl 型(MX 化合物也可为闪锌矿结构，非金属原子占据了四面体间隙的半数)；当非金属原子填满四面体间隙时(仅在氢化物中出现)，则形成 MX_2 间隙相，如 TiH_2(在 MX_2 结构中，H 原子也可成对地填入八面体间隙中，如 ZrH_2)；在 M_4X 间隙相中，金属原子组成面心立方结构，而非金属原子在每个晶胞中占据一个八面体间隙；在 M_2X 间隙相中，金属原子按密排六方结构排列(个别也有 fcc，如 W_2N、MoN 等)，非金属原子占据其中一半的八面体间隙位置，或四分之一的四面体间隙位置。M_4X 和 M_2X 可认为是非金属原子未填满间隙的结构。

尽管间隙相可以用化学分子式表示，但其成分在一定范围内变化，也可视为以化合物为基的固溶体(称为第二类固溶体或缺位固溶体)。特别是间隙相不仅可以溶解其组成元素而且间隙相之间还可以相互溶解。如果两种间隙相具有相同的晶体结构，且这两种间隙相中的金属原子半径差小于 15%，那么它们还可以形成无限固溶体，例如 TiC-ZrC、TiC-VC、ZrC-NbC、VC-NbC 等。

间隙相中原子间的结合键为共价键和金属键，即使非金属组元的原子数分数大于 50%时，仍具有明显的金属特性，而且间隙相几乎全部具有高熔点和高硬度的特点，是合金工具钢和硬质合金中的重要组成相。

②间隙化合物。

当非金属原子半径与过渡族金属原子半径之比 $r_X/r_M > 0.59$ 时，所形成的相往往具有复杂的晶体结构，这就是间隙化合物。通常过渡族金属 Cr、Mn、Fe、Co、Ni 与碳元素所形成的碳化物都是间隙化合物。常见的间隙化合物有 M_3C 型(如 Fe_3C、Mn_3C)，M_7C_3 型(如 Cr_7C_3)，$M_{23}C_6$ 型(如 $Cr_{23}C_6$)和 M_6C 型(如 Fe_3W_3C、Fe_4W_2C)等。间隙化合物中的金属元素常常被其他金属元素所置换而形成以化合物为基的固溶体，例如(Fe，Mn)$_3$C、(Cr，Fe)$_7C_3$、(Fe，Co，Ni)$_3$(W，Mo)$_3$C 等。间隙化合物中原子间的结合键为共价键和金属键，晶体结构均很复杂，熔点和硬度均较高(但不如间隙相)。

(2)拓扑密堆相

拓扑密堆相是由两种大小不同的金属原子所构成的一类中间相,其中大小原子通过适当的配合构成空间利用率和配位数都很高的复杂结构。由于这类结构具有拓扑特征,故称这些相为拓扑密堆相(简称 TCP 相),以区别于通常的具有 fcc 或 hcp 的几何密堆相。拓扑密堆相的种类很多,已经发现的有拉弗斯相(如 $MgCu_2$、$MgNi_2$、$MgZn_2$、$TiFe_2$ 等),σ 相(如 FeCr、FeV、FeMo、CrCo、WCo 等),μ 相(如 Fe_7W_6、Co_7Mo_6 等),Cr_3Si 型相,R 相(如 $Cr_{18}Mo_{31}Co_{51}$ 等),以及 P 相(如 $Cr_{18}Ni_{40}Mo_{42}$ 等)。

2.4　离子晶体和共价晶体结构

2.4.1　离子晶体的主要特点

陶瓷材料中的晶相大多属于离子晶体。离子晶体是由正负离子通过离子键按一定方式堆积起来而形成的。由于离子键的结合力很大,所以离子晶体的硬度高、强度大、熔点和沸点较高、热膨胀系数较小,但脆性大;由于离子键中很难产生可以自由运动的电子,所以离子晶体都是良好的绝缘体;在离子键结合中,由于离子的外层电子较牢固地被束缚在离子的外围,可见光的能量一般不足以使其外层电子被激发,因而不吸收可见光,所以典型的离子晶体往往是无色透明的。离子晶体的这些特性在很大程度上取决于离子的性质及其排列方式。

2.4.2　离子半径、配位数和离子的堆积

1. 离子半径

离子半径是指从原子核中心到其最外层电子的平衡距离。它反映了核对核外电子的吸引和核外电子之间排斥的平均效果,是决定离子晶体结构类型的一个重要的几何因素。一般所了解的离子半径的意义是指离子在晶体中的接触半径,即以晶体中相邻的正负离子中心之间的距离作为正负离子半径之和。

我们知道,正、负离子的电子组态与惰性气体原子的组态相同,在不考虑相互间的极化作用时,它们的外层电子形成闭合的壳层,电子云的分布是球面对称的。因此可以把离子看作是带电的圆球。于是,在离子晶体中,正负离子间的平衡距离 R_0 等于球状正离子的半径 R^+ 与球状负离子的半径 R^- 之和。即

$$R_0 = R^+ + R^- \tag{2-7}$$

由于正、负离子是不同的元素,利用 X 射线只能测出 R_0,而正、负离子之间的界限很难明确界定。为了确定 R^+ 和 R^- 的数值,假定同一种元素在具有相同晶体结构的不同化合物中的离子半径是相同的。例如在 LiF 和 LiCl 中,R_{Li}^+ 是同一数值。如果实验测出 LiF 和 LiCl 中正、负离子的平衡距离分别为 $R_{0_{LiF}}$ 和 $R_{0_{LiCl}}$,则有

$$R_{Li}^+ + R_F^- = R_{0_{LiF}}$$

$$R_{Li}^+ + R_{Cl}^- = R_{0_{LiCl}}$$

两式相减得到：

$$R_F^- - R_{Cl}^- = R_{0_{LiF}} - R_{0_{LiCl}}$$

这样就可以求出两个负离子 F^- 和 Cl^- 的半径差。同理也可以得到两个正离子的半径差。实验发现，对于确定的一对负离子（或正离子），离子半径差大致恒定，可以认为离子具有确定的半径，只需知道一个离子的半径，就可由上述离子半径差规则求出其他的离子半径。戈尔德施密特（V. M. Goldschmidt）根据在离子化合物中负离子（大离子）相切的假定，求得 O^{2-} 的离子半径为 0.132 nm，由此推出了其他许多元素的离子半径，这就是所谓的戈尔德施密特离子半径。还有一种离子半径叫做鲍林离子半径，是根据量子力学理论，按有效电荷算出的。需要指出的是，离子半径的大小并非是绝对的，同一离子随着价态和配位数的变化而变化。

2. 配位数

在离子晶体中，与某一考察离子邻接的异号离子的数目称为该考察离子的配位数。如在 NaCl 晶体中，Na^+ 与 6 个 Cl^- 邻接，故 Na^+ 的配位数为 6；同样 Cl^- 与 6 个 Na^+ 邻接，所以 Cl^- 的配位数也是 6。正负离子的配位数主要取决于正、负离子的半径比 (R^+/R^-)，根据不同的 (R^+/R^-)，正离子选取不同的配位数。只有当正、负离子相互接触时，离子晶体的结构才稳定（见图 2-10(a)、(b)）。若正离子过小，正、负离子不能接触，负离子之间的斥力使正离子的配位数下降（见图 2-10(c)）；若正离子过大，会撑开负离子，正离子的配位数增加（见图 2-10(a)）。

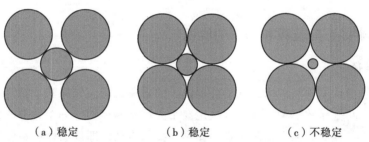

（a）稳定　　　　　　（b）稳定　　　　　　（c）不稳定

图2-10　稳定与不稳定的配位构型（大球代表负离子、小球代表正离子）

3. 离子的堆积

在离子晶体中，正、负离子是怎样堆积成离子晶格的呢？由于正离子半径一般较小，负离子半径较大，所以离子晶体通常看成是由负离子堆积成的骨架，正离子则按其自身的大小，居留于相应的负离子空隙——负离子配位多面体中。负离子同等径圆球一样，其堆积方式主要有立方最密堆积（立方面心堆积）、六方最密堆积、立方体心密堆积和四面体堆积等。例如，CsCl 结构可以看作是 Cl^- 构成立方体心密堆积，而 Cs^+ 则居留在立方体空隙中。

负离子作不同堆积时，可以构成形状不同、数量不等的空隙。例如，负离子作六方最密堆积时，可以构成如表 2-6 所示的八面体和四面体空隙。设负离子数为 n 个，则可构成 n 个八面体空隙和 $2n$ 个四面体空隙。n 个负离子作立方体心密堆积时，只能构成 n 个立方体空隙。

　　所谓负离子配位多面体是指在离子晶体结构中，与某一个正离子成配位关系而邻接的各个负离子中心线所构成的多面体。

表 2-6　正负离子半径比(R^+/R^-)、配位数与负离子配位多面体的形状

R^+/R^-	配位数	负离子配位多面体的形状	
(0，0.155)	2	哑铃形	
[0.155，0.225)	3	三角形	
[0.255，0.414)	4	四面体	
R^+/R^-	配位数	负离子配位多面体的形状	
[0.414，0.732)	6	八面体	
[0.732，1)	8	立方体	
1	12	等径球体最密堆积	

2.4.3 离子晶体的结构规则

鲍林在大量实验的基础上，应用离子键理论，并主要依据离子半径，从几何角度总结出了离子晶体的结构规则。它虽是一个经验性的规则，但为描述、理解离子晶体的结构，特别是复杂离子晶体的结构时提供了许多方便。

1. 负离子配位多面体规则——鲍林第一规则

鲍林第一规则：在离子晶体中，正离子的周围形成一个负离子配位多面体，正、负离子间的平衡距离取决于离子半径之和，正离子的配位数则取决于正、负离子的半径比。

在描述和理解离子晶体的结构时，可将其结构视为由负离子配位多面体按一定方式连接而成，正离子处于负离子多面体的中央。根据离子的刚性球模型，可以计算出在正离子的配位数一定时，正、负离子半径比的临界值。例如，NaCl 中正离子 Na^+ 的半径为 0.095 nm，负离子 Cl^- 的半径为 0.181 nm，$R^+/R^- = 0.525$，根据表 2-6 所示范围，Na^+ 的配位数为 6，负离子配位多面体为八面体，Na^+ 位于 Cl^- 形成的八面体间隙中。

2. 电价规则——鲍林第二规则

一个稳定的结构，不仅在宏观上呈现电中性，在原子尺度上也必须是电中性的。把正离子的价电子数 Z_+ 除以其配位数 CN_+ 得到的值，定义为正离子给予一个配位负离子的静电键强度 S，则

$$S = \frac{Z_+}{CN_+} \qquad (2-8)$$

为了保证局部的电中性，一个负离子的电价 Z_- 应该等于从所有最近邻正离子得到的静电键强度的总和，即

$$Z_- = \sum_i S_i = \sum_i \left(\frac{Z_+}{CN_+} \right) \qquad (2-9)$$

以 NaCl 为例，Na^+ 的配位数为 6，即一个 Na^+ 周围有 6 个 Cl^-。一个 Na—Cl 键的静电键强度为 $S = +1/6$，即一个 Na^+ 分配给一个 Cl^- 的电价为 $+1/6$。而一个 Cl^- 的电价为 -1，为保持电中性，一个 Cl^- 周边需要有 6 个 Na^+。

电价规则适用于一切离子晶体，在许多情况下也适用于兼具离子性和共价性的晶体结构。利用电价规则可以帮助我们推测负离子多面体之间的连接方式，有助于我们对复杂离子晶体的结构进行分析。

3. 关于负离子多面体共用点、棱与面的规则——鲍林第三规则

在分析离子晶体中负离子多面体相互间的连接方式时，电价规则只能指出共用同一个顶点的多面体数，而没有指出两个多面体间所共用的顶点数，即并未指出两个多面体究竟共用 1 个顶点还是 2 个顶点（即 1 个棱），或 2 个以上的顶点（即 1 个面）。

鲍林第三规则：在一配位结构中，共用棱特别是共用面的存在，会降低这个结构的稳定性；对于电价高、配位数低的正离子来说，这个效应尤为显著。

这个规则的物理基础：2 个多面体中央正离子间的库仑斥力会随它们间的共用顶点数

的增加而激增。例如 2 个四面体中心间的距离，在共用一个顶点时设为 1，则共用棱和共用面时，分别等于 0.58 和 0.33；在八面体的情况下，分别为 1、0.71 和 0.58。这种距离的显著缩短，必然导致正离子间库仑斥力的激增，使结构的稳定性大大降低。

2.4.4　典型离子晶体的结构

多数盐类、碱类（金属氢氧化物）及金属氧化物都可形成离子晶体。离子晶体的结构是多种多样的，但对二元离子晶体，按不等径刚性球密堆积理论，可把它们归纳为六种基本结构类型：NaCl 晶型、CsCl 晶型、闪锌矿（立方 ZnS）晶型、纤锌矿（六方 ZnS）晶型、萤石（CaF_2）晶型和金红石（TiO_2）晶型。

1. NaCl 晶型

NaCl 型结构如图 2-11 所示。它属于立方晶系，面心立方点阵。根据前面的讨论，其可视为由半径较大的负离子（Cl^-）作立方密堆积，半径较小的正离子（Na^+）填充在全部八面体间隙中。正、负离子的配位数均为 6。

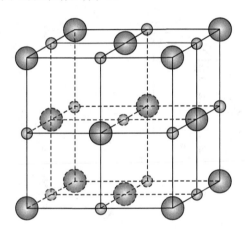

图 2-11　NaCl 型晶体结构（大球代表 Cl^-、小球代表 Na^+）

常见的 NaCl 型结构的晶体还有 MgO、FeO、NiO 以及过渡金属（Ti、Zr、Hf、V、Nb、Ta）的碳化物和氮化物。MgO 对碱金属熔渣有较强的抗侵蚀能力，与 Fe、Ni、Zn、Al、Cu、Mg 等不产生作用，常用作冶炼这些金属的坩埚。过渡金属的碳化物和氮化物有高的硬度和熔点，常用于耐磨、耐蚀涂层，机械加工的切削工具及微电子领域，特别是 HfC、TaC 的熔点接近 4000 ℃，是潜在的超高温陶瓷材料。

例题　已知 Mg^{2+} 和 O^{2-} 的半径分别为 0.065 nm 和 0.14 nm，计算说明 MgO 具有 NaCl 型的晶体结构。

解　根据已知条件，有

$$\frac{R^+}{R^-} = \frac{R_{Mg^{2+}}}{R_{O^{2-}}} = \frac{0.065 \text{ nm}}{0.14 \text{ nm}} = 0.464$$

由于 $0.414 < R^+/R^- = 0.464 < 0.732$，根据鲍林第一规则，$Mg^{2+}$ 的配位数为 6，对应

的负离子多面体为八面体，Mg^{2+} 位于 O^{2-} 形成的八面体间隙中。

根据鲍林第二规则，有

$$CN_- = \frac{Z_-}{Z_+} \times CN_+ = \frac{2}{2} \times 6 = 6$$

O^{2-} 的配位数也为 6，即每个 O^{2-} 同时与 6 个 Mg^{2+} 形成离子键，符合 NaCl 型的晶体结构。

2. CsCl 晶型

CsCl 型结构如图 2-12 所示。它属于立方晶系，简单立方点阵，可视为负离子（Cl^-）位于立方体的 8 个顶角，而正离子（Cs^+）占据体心位置。正负离子的配位数均为 8。CsBr、CsI 等亦属此种晶型。

3. 闪锌矿（立方 ZnS）晶型

立方 ZnS 型结构如图 2-13 所示。它属于立方晶系，面心立方点阵，可视为由负离子（S^{2-}）构成的面心立方点阵，而正离子（Zn^{2+}）交叉分布在其一半的四面体间隙中。正、负离子的配位数均为 4。

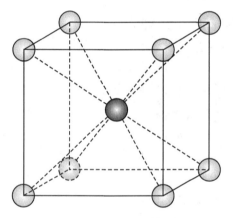

图 2-12　CsCl 型晶体结构

（深色球代表 Cs^+、浅色球代表 Cl^-）

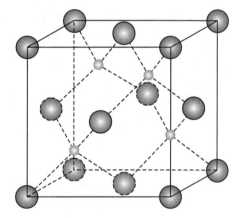

图 2-13　立方 ZnS 型晶体结构

（大球代表 S^{2-}、小球代表 Zn^{2+}）

属于立方 ZnS 型结构的晶体有 Ⅳ 族化合物 β-SiC，ⅢA～ⅤA 族化合物 GaAs、InSb、GaP、InP 等，ⅡB～ⅥA 族化合物 CdTe、ZnSe。SiC 具有优异的高温强度和抗高温蠕变性能，可用于磨料和切割工具、防弹陶瓷、宇航工业使用的各种喷嘴、高温窑具和静态热机部件等。以 GaAs、InP 为代表的化合物半导体具有发光效率高、耐高温、抗辐照等性能。

4. 纤锌矿（六方 ZnS）晶型

六方 ZnS 型结构如图 2-14 所示，图中只画出了六方晶胞的三分之一。它属于六方晶系，简单六方点阵，可视为由负离子（S^{2-}）作紧密堆积，正离子（Zn^{2+}）填充其中一半的四面体间隙。正、负离子的配位数均为 4。

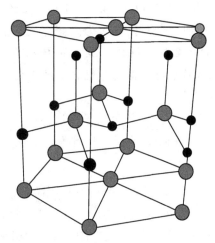

图 2-14　六方 ZnS 型晶体结构(大球代表 S^{2-}、小球代表 Zn^{2+})

属于六方 ZnS 型结构的晶体有 Ⅳ 族化合物 α-SiC，Ⅲ A～Ⅴ A 族化合物 AlN、BN、GaN、InN；Ⅱ B～Ⅵ A 族化合物 ZnO、BeO、CdS。BeO 是目前热导率最高的陶瓷材料，室温下热导率达到 310 W/(m·K)，接近铝的热导率。随着温度升高，BeO 的热导率快速下降，1000 ℃时为 20.3 W/(m·K)，有着较好的高温绝缘性。其热膨胀系数不大，室温至1000 ℃的平均值为$(5.0～8.9)\times10^{-6}K^{-1}$。BeO 对中子有较强的减速能力，常用作大功率散热元件、高温绝缘材料、仪器的高温观察窗、中子减速剂和防辐射材料等。ZnO 是一种半导体材料，具有极好的抗辐照性能和低的外延生长温度，应用于室温高效发光器、紫外发光二极管及生物传感器等。GaN 是蓝光发光二极管的重要材料。

5. 萤石(CaF_2)晶型

CaF_2 型结构如图 2-15 所示。它属于立方晶系，面心立方点阵，可视作由正离子(Ca^{2+})构成的面心立方点阵，负离子(F^-)填充全部四面体间隙。正、负离子的配位数分别为 8 和 4。

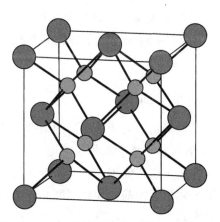

图 2-15　萤石(CaF_2)型晶体结构(大球代表 Ca^{2+}、小球代表 F^-)

属于 CaF_2 型结构的晶体有立方 ZrO_2、ThO_2、UO_2、CeO_2、BaF_2 等。CaF_2 熔点低，常用作助熔剂。ZrO_2 可用于增韧陶瓷，也常作为研磨介质、轴承、牙齿材料，航空航天中的热障涂层材料等。UO_2 是重要的核材料。CaF_2 型结构的八面体间隙未被填充，有利于小半径原子或离子的扩散。CeO_2 可用作高温燃料电池中构成离子导电通路的固体电解质材料。

还有一种结构称为反 CaF_2 型，其中的负离子构成面心立方，正离子填充全部的四面体间隙，如 Li_2O、Na_2O、K_2O、Li_2S、Na_2S、K_2S 等。

6. 金红石(TiO_2)晶型

TiO_2 型结构如图 2-16 所示。它属于四方晶系，简单四方点阵。每个晶胞有 2 个 Ti^{4+} 离子，单位晶胞有 8 个顶角、中心为 Ti^{4+}，正负离子半径比为 0.45，配位数为 6∶3。负离子可视作近似的六方密堆积，Ti^{4+} 位于 O^{2-} 离子构成的稍有变形的 $[TiO_6]$ 八面体间隙中，但八面体间隙只有一半为钛离子所占据。

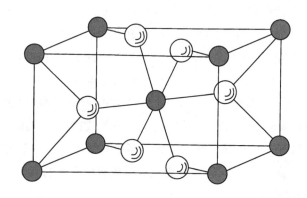

图 2-16　金红石(TiO_2)型晶体结构(黑色球代表 Ti^{4+}、白色球代表 O^{2-})

属于 TiO_2 型结构的晶体有 VO_2、NbO_2、MnO_2、SnO_2、PbO_2、CrO_2 等。金红石的介电常数较高，常用作电容器材料；其折射率较大(2.6~2.9)，用于制备光学材料。TiO_2 在工业中通常被称作钛白粉，是用于油漆、涂料的白色颜料及纸张填料。SnO_2 陶瓷是一种气敏材料，加入一定催化剂的 SnO_2 陶瓷可用于检测某些气体，例如加入微量 $PdCl_2$ 的 SnO_2 陶瓷可检测 CH_4、CO。

2.4.5　共价晶体的主要特点及结构

共价晶体是以共价键结合形成稳定的电子满壳层的结合方式构成的晶体。与它共价结合的原子数服从 $8-N$ 原则(N 表示这个原子最外层的电子数)，所以共价键具有明显的饱和性。共价晶体中，原子以一定的角度相邻接，因此共价键有着强烈的方向性。以上特点使共价键晶体中原子的配位数要比离子型晶体和金属型晶体的小。共价键的结合力通常要比离子键强，所以共价晶体具有强度高、硬度高、脆性大、熔点高、沸点高和挥发性低等特性，结构也比较稳定。由于相邻原子所共用的电子不能自由运动，故共价晶体的导电能力较差。典型的共价晶体有单质型、AB 型和 AB_2 型三种。

单质型的代表结构是金刚石型晶体结构，如图 2-17(a) 所示。金刚石属立方晶系，面心立方点阵，碳原子位于面心立方点阵的阵点及 4 个不相邻的四面体间隙位置。每个碳原子贡献出 4 个价电子与周围的 4 个碳原子共有，形成 4 个共价键，构成正四面体结构，如图 2-17(b) 所示，其中 1 个碳原子在中心，与它共价的 4 个碳原子在 4 个顶角上，其配位数为 4。金刚石也可以看作是由 2 个面心立方点阵沿着体对角线方向相对位移了体对角线长度的 1/4 后构成的。其点阵参数 $a = 0.3599$ nm，致密度为 0.34。

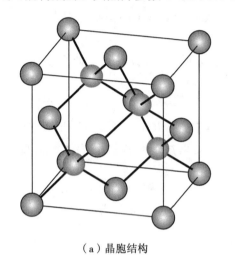 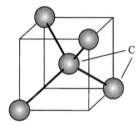

（a）晶胞结构　　　　　　　　　　　　　　　　（b）正四面体单元

图 2-17　金刚石型晶体结构

AB 型共价晶体的结构主要是立方 ZnS 型和六方 ZnS 型两种，正、负离子配位数都是 4，它们的结构可参考图 2-13 和图 2-14。

典型的 AB_2 型共价键晶体主要是 SiO_2。如图 2-18 所示，在晶体中白硅石中的 Si 原子与金刚石中碳原子的排布方式相同，只是在每两个相邻的 Si 原子中间有一个氧原子。硅的配位数为 4，氧的配位数为 2。

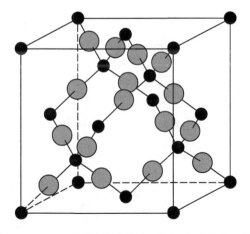

图 2-18　SiO_2 结构（大球代表 O^{2-}、小球代表 Si^{4+}）

习　题

1. 解释下列名词概念：空间点阵，点阵常数，晶胞，晶格，晶向指数，晶面指数。

2. 在立方晶系的晶胞内画出具有下列米勒指数的晶面和晶向：(001) 与 $[210]$，(111) 与 $[11\bar{2}]$，$(1\bar{1}0)$ 与 $[111]$，$(\bar{1}32)$ 与 $[123]$，$(\bar{3}\bar{2}2)$ 与 $[236]$。

3. 有一正交点阵的 $a=b$，$c=a/2$。某晶面在三个晶轴上的截距分别为 6 个、2 个和 4 个原子间距，求该晶面的米勒指数。

4. 根据刚性球模型计算体心立方、面心立方和密排六方晶胞中的原子数、原子半径和致密度。

5. 简述离子晶体的结构规则。

6. 画出金刚石型结构的晶胞示意图，说明其中包含几个原子，并写出各原子的坐标。

7. 按不同特点分类，固溶体可分为哪几种类型？影响置换固溶体固溶度的因素有哪些？

第3章

晶体结构缺陷

实际的晶体内原子的排列并非完美，会受各种因素影响，如原子的热运动、杂质、材料的冷加工、热处理等，导致晶体中的原子排列不可能按照理想的状态规则排列。通常把这种偏离理想晶体结构排列的情况称为晶体缺陷。缺陷会导致晶体在某些动态行为上明显偏离理想晶体，进而对材料的屈服强度、断裂强度、塑性、电阻率、磁导率等产生影响。晶体缺陷对材料行为的影响并不全是负面的，很多情况下利用缺陷可以对材料性能起到积极的作用，这要根据具体情况分析。通常根据缺陷的空间的几何形状和维度，将晶体缺陷分为点缺陷、线缺陷和面缺陷。其中，点缺陷在三维空间各方向上尺寸都很小，亦称为零维缺陷，如空位、间隙原子和异类原子等；线缺陷亦称一维缺陷，在两个方向上尺寸很小，主要是位错；面缺陷在空间一个方向上尺寸很小，在另外两个方向上尺寸较大，如晶界、相界等。

3.1 点缺陷

3.1.1 点缺陷的类型

晶体中的点缺陷是晶体结构中正常位置处的原子出现缺失或者异类原子挤入而形成的缺陷。相对于整个晶体尺度，点缺陷所涉及的空间非常小，因此又称为零维缺陷。空位、间隙原子、杂质或溶质原子都可以构成点缺陷。根据点缺陷的特点可以分为如下几种类型。晶体中，点阵节点处的一些原子热振动能量大到足以克服周围原子对它的束缚，从而脱离其原来的平衡位置，在原位置处形成了空位缺陷，这种点缺陷称为肖特基（Schottky）缺陷（见图3-1）。同时，晶体中的原子有可能挤入结点的间隙位置，造成一对点缺陷（一个空位和一个间隙原子），通常把这一对点缺陷称为弗仑克尔（Frenkel）缺陷（见图3-2），而来自晶体内部挤入间隙的原子称为自间隙原子。第三种情况是异类原子导致的点缺陷（见图3-3）。金属的纯度无法做到百分之百，异类原子尺寸或化学电负性与基体原子不一样，所以，它的引入可能导致晶格的畸变。异类原子在晶体内具体影响与原子相对尺寸、晶体结构、电负性差以及化合价相关，需要具体问题具体分析。点缺陷的存在破坏了原有的原子间作用力平衡，导致晶格畸变或应变，对应着晶体内能的升高。

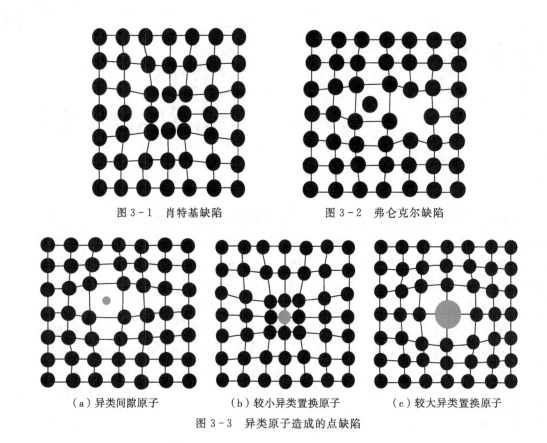

图 3-1　肖特基缺陷　　　　　　　　图 3-2　弗仑克尔缺陷

（a）异类间隙原子　　　　（b）较小异类置换原子　　　　（c）较大异类置换原子

图 3-3　异类原子造成的点缺陷

在陶瓷材料中也存在类似的点缺陷。但是由于陶瓷化合物包含至少两类离子，就会出现针对两种类型离子的缺陷。其中缺陷的形式必须保证晶体的电中性。例如陶瓷中的肖特基缺陷必须是同时移去一个阳离子和阴离子而形成的空位。而弗仑克尔缺陷则是晶体中尺寸较小的离子挤入相邻的同号离子的位置，于是形成了间隙离子和空位对。上面曾提及在普通金属中形成间隙原子即弗仑克尔缺陷是很困难的，但是在离子晶体中情况就不同了。对于正、负离子尺寸差异较大且结构配位数较低的离子晶体，尺寸较小的离子（通常是阳离子）移入相邻间隙的难度并不大，所以弗仑克尔缺陷是一种常见的点缺陷；相反，那些结构配位数高、排列比较密集的晶体，如 NaCl 晶体，肖特基缺陷则比较重要，而弗仑克尔缺陷却较难形成（见图 3-4）。离子晶体中的点缺陷对晶体的导电性起了重要作用。

非化学计量的陶瓷化合物可能出现一种离子含有两种不同价态的情况。如氧化铁，其中 Fe 以 Fe^{2+} 和 Fe^{3+} 的状态存在，每种类型离子的数量取决于温度和周围环境中的氧分压。Fe^{3+} 的形成会引入额外正电荷，破坏晶体的电中性，此时必须通过某种类型的缺陷来抵消。例如可以用一个 Fe^{2+} 空位缺陷，抵消两个 Fe^{3+} 离子。此时晶体中的 O 离子比 Fe 离子多了一个，晶体不再是化学计量的，但保证了电中性。这一现象在氧化铁中很常见，因此它的化学式可写成 $Fe_{1-x}O$ 的形式。

对于高分子材料，在其结晶区也发现了类似金属中的点缺陷，如空位、间隙原子或离子。对于高分子链的链端，其也可以被认为是点缺陷。一些从晶体中裸露出来的高分子支链或链段也会产生缺陷。

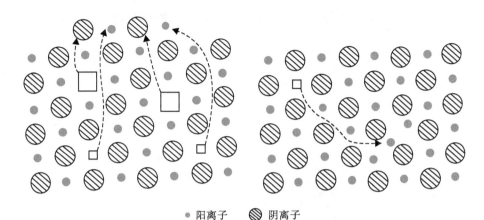

●阳离子　◎阴离子

图 3-4　化合物离子晶体中常见的点缺陷

3.1.2　点缺陷的形成

1. 热平衡缺陷

晶体中的原子并非静止，而是以其平衡位置为中心不停地振动的，其平均动能正比于温度。从微观的角度分析各个原子的动能并不相等，即使对每个原子而言，其振动能量也是瞬息万变的，即存在热起伏。材料的服役温度使一些原子的能量高到足以克服周围原子的束缚，达到热激活条件。从而离开原来的平衡位置进入晶体的表面或晶界处形成肖特基缺陷，或者挤入晶格间隙形成弗仑克尔缺陷。

原子的热运动产生的空位和间隙原子一方面产生了点阵畸变使晶体的内能升高，从而导致体系自由能升高，降低了晶体的热力学稳定性。另一方面，点缺陷的存在使体系的原子排列混乱程度增加，导致晶体的熵值增大，从而使晶体的热力学稳定性增加。因此，对于整个体系而言，总的自由能升高还是降低需视具体情况而定。根据热力学知识，等温等容过程下，体系中点缺陷形成导致亥姆霍兹自由能的变化（ΔF）可以写成：

$$\Delta F = \Delta U - T\Delta S \tag{3-1}$$

式中，ΔU 为体系内能变化量；T 为绝对温度；ΔS 为熵变。

点缺陷带来晶格畸变，故体系内能 U 增加，ΔU 为正值。设一个点缺陷造成的内能增加值为 u，或者说是形成一个缺陷所需要的能量，即缺陷形成能。则 n 个缺陷导致的体系内能增量 ΔU 应为 nu。

根据统计热力学，体系的混乱程度可以用组态熵表示。设晶体 $N+n$ 个阵点中，有 n 个空位，N 个原子，则可能出现的不同排列数目为 $\dfrac{(N+n)!}{N!\,n!}$，则对应产生的熵增 $\Delta S_c = k\ln\dfrac{(N+n)!}{N!\,n!}$。可以知道随着空位数量 n 的增多，熵增随缺陷数量的变化是非线性的。少量点缺陷的存在使熵增快速增加，继续增加点缺陷使熵增变化逐渐变缓。代入式（3-1）中，于是就出现如图 3-5 所示的情况，ΔU 和 ΔS 这两项共同作用使自由能发生变化。随晶体中缺陷数目 n 的增多，自由能 ΔF 逐渐降低，然后又逐渐升高。可以发现，在一定温度下，体系中存在着一个平衡的点缺陷浓度，该浓度下，体系的自由能 ΔF 最低。

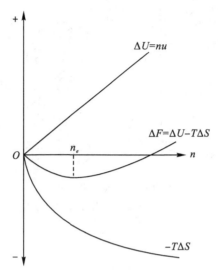

图 3-5　自由能随点缺陷数量的变化图

　　热振动产生的点缺陷属于热力学平衡缺陷，通过简单地推导，不难求得晶体中处于热平衡时的点缺陷浓度。图 3-5 中 ΔF 曲线的极小值位置即对应平衡点缺陷的数量，其结果可表示为

$$\frac{n_e}{N} = C_e = A\exp\frac{-u}{kT} \tag{3-2}$$

式中，C_e 为某一种类型点缺陷的平衡浓度；N 为晶体的原子总数；A 为材料常数，其值常取为 $1\sim10$；T 为体系所处的热力学温度；k 为玻尔兹曼常数，约为 8.62×10^{-5} eV/K 或 1.38×10^{-23} J/K；u 为该类型缺陷的形成能。

　　可以看出，晶体中存在这些缺陷时自由能是降低的；如果没有这些缺陷，自由能反而升高。

　　只有当原子的能量比体系中原子的平均能量高时，才可能克服缺陷形成能，形成点缺陷。点缺陷的平衡浓度随温度升高呈指数增加（类似化学反应速率），例如纯 Cu 在接近熔点（1000 ℃）时，空位浓度约为 10^{-4}，而在常温下空位浓度却只有 10^{-19}。此外，点缺陷的形成能也以指数关系影响其平衡浓度，由于间隙原子的形成能要比空位高几倍，因此间隙原子的平衡浓度比空位低得多，仍以 Cu 为例，在熔点附近，间隙原子的浓度仅为 10^{-14}，与空位浓度（10^{-4}）相比，两者的浓度比达 10^{10}，因此在一般情况下，晶体中间隙原子形成的点缺陷可忽略不计。

2. 非平衡点缺陷

　　有时晶体中点缺陷的数量会明显超过其平衡值，这些点缺陷被称为过饱和点缺陷。产生过饱和点缺陷的原因有高温淬火、辐照、冷加工等。

　　例如，高温下的空位浓度很高，如果从高温缓慢冷却下来，多余的空位将在冷却过程中通过热运动消失在晶体的自由表面或晶界处，从而达到相应的平衡空位浓度。但是，如从高温迅速冷却(淬火),空位没有足够的能量克服周围势垒障碍,很难向临近阵点位置迁移。此时空位将有效地保留至室温,这些空位称为淬火空位。

在反应堆中裂变反应产生的中子及其他粒子具有极高的能量,这些高能粒子穿过晶体时与点阵中很多原子发生碰撞,使原子离位,由于离位原子能量高,能挤入晶格间隙,从而形成间隙原子和空位对(即弗仑克尔缺陷)。当然,一部分空位和间隙原子可能通过热振动而彼此互毁,但最终仍会留下很多弗仑克尔缺陷。通常晶体中弗仑克尔缺陷的平衡浓度极低,可忽略不计,但是经辐照后,它却成为重要的点缺陷类型,在严重辐照区其浓度可达 $10^3 \sim 10^4$。反应堆中应用的材料都是在强辐照条件下工作的,由辐照引起的钢板脆化就是因过量的间隙原子所造成,因此反应堆用材料应特别注意这些过饱和点缺陷的影响。金属经冷加工塑性变形时也会产生大量过饱和空位。

3.1.3　点缺陷与材料行为

晶体中的点缺陷处于不断的运动状态,当空位周围原子的热振动动能超过激活能时,就可能脱离原来结点位置而跳跃到空位处,正是依靠这一机制,空位发生不断的迁移,同时伴随原子的反向迁移。间隙原子也在晶格的间隙中不断运动。空位和间隙原子的运动是晶体内原子扩散的内部原因,原子(或分子)的扩散就是依靠点缺陷的运动而实现的。在常温下由点缺陷的运动而引起的扩散效应可以忽略不计,但是在高温下,原子热振动动能显著升高,因此发生迁移的概率也明显提高,再加上高温下空位浓度的增多,使得高温下原子的扩散速度十分可观。材料加工工艺中不少过程都是以扩散作为基础的,例如改变表面成分的化学热处理、成分均匀化处理、退火与正火、时效硬化处理、表面氧化及烧结等过程无一不与原子的扩散相联系。如果晶体中没有点缺陷,这些工艺根本无法进行,提高这些工艺的处理温度往往可以大幅度提高过程的速率,正是基于点缺陷浓度及点缺陷迁移速率随温度上升呈指数上升的规律。

点缺陷还可以造成金属物理性能与力学性能的变化,最明显的是引起电阻的增加。晶体中存在点缺陷时破坏了原子排列的规律性,使电子在传导时的散射增加,从而增加了电阻。此外,空位的存在还使晶体的密度下降,体积膨胀。在材料研究中,正是利用电阻或密度的变化来测量晶体中的空位浓度或研究空位在不同条件下的变化规律。常温下,热平衡点缺陷对材料力学性能的影响并不大,但是在高温下空位的平衡浓度很高,空位在材料变形时的作用就不能忽略了,例如空位的存在及其运动是晶体在高温下发生蠕变的重要原因之一。此外,晶体在室温下也可能有大量非平衡空位,如从高温快速冷却时保留的空位,或者经辐照处理后的空位,这些过量空位往往沿一些晶面聚集,形成空位片,或者它们与其他晶体缺陷发生交互作用,从而使材料强度有所提高,但同时也引起材料的脆性显著增加。

3.2　位错的基本概念

人们是从研究晶体的塑性变形中认识到晶体中存在着位错的。1934 年泰勒

(G. I. Taylor)等人认为晶体中原子的排列并不完全规则，存在某种局部的缺陷，滑移不是两个原子面之间集体的相对移动，塑性变形在很小的应力下首先从缺陷所在的这些薄弱环节处开始。

3.2.1 位错概念

在用单晶体研究塑性变形时，人们发现拉伸变形后的试样表面形成很多台阶，这意味着晶体的一部分沿着与轴线呈一定夹角的方向，相对于另一部分产生相对滑动(见图 3-6)，这个过程称为滑移。

按照理想晶体模型(见图 3-7)，晶体滑移时，滑移面上各个原子在切应力作用下，同时克服相邻滑移面上原子的作用力前进一个原子间距，即发生同步刚性滑移。完成这一过程的理论临界切应力相当于晶体的理论剪切强度。1926 年，弗仑克尔发现该模型的理论切变强度与实验剪切强度相比，相差了 3～4 个数量级，这一矛盾在很长一段时期难以得

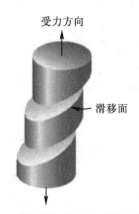

图 3-6　单晶体塑性变形时外形的变化

到解释。实际强度与理论强度间的巨大差异，使人们对理想晶体模型及如图 3-7 所示的滑移方式产生怀疑，认识到晶体中原子排列绝非完全规则，滑移也不是两个原子面之间集体的相对移动，晶体内部一定存在着很多缺陷，即薄弱环节，使塑性变形过程在很低的应力下就开始进行，这种内部缺陷就是位错。位错的概念及模型很早就已提出，但由于未得到实验证实，不能为人们接受，直到 20 世纪 50 年代中期透射电子显微镜技术的发展证实了晶体中位错的存在，大家才对它确信无疑。由于位错概念的确立，人们对塑性变形及材料强化方面的认识得以提升。

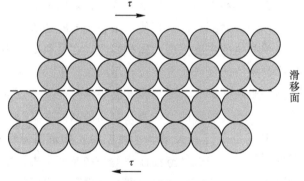

图 3-7　理想晶体的滑移模型

3.2.2 位错模型

晶体中位错的基本类型分为刃型位错和螺型位错。实际上位错往往是两种类型的复合，称为混合位错。这里以简单立方晶体为例介绍这些位错的模型。

1. 刃型位错

如图 3-8 所示，晶体的上半部中有一多余的半原子面，它终止于晶体中部，好像插入的刀刃。在 EF 处的原子状态与晶体的其他区域不同，其排列的对称性遭到了破坏，因此这里的原子处于更高的能量状态，这列原子及其周围区域(若干个原子距离)就是晶体中的位错，把这种类型的位错称为刃型位错。习惯上把半原子面在滑移面上方的称为正刃型位错，以记号"⊥"表示；把半原子面在下方的称为负刃型位错，以"⊤"表示。当然正、负刃型位错的这种规定是相对的。

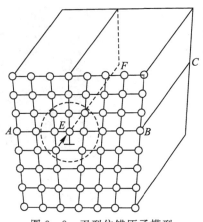

图 3-8　刃型位错原子模型

2. 螺型位错

如果局部滑移是沿着与位错线平行的方向移动一个原子间距(见图 3-9(a))，那么原子平面在位错线附近已扭曲为螺旋面，在原子面上绕着 B 转一周就推进一个原子间距，所以在位错线周围原子呈螺旋状分布(见图 3-9(b))，故称为螺型位错。根据螺旋面前进方向与螺旋面旋转方向的关系，可分为左、右螺型位错。符合右手定则(即右手拇指代表螺旋面前进方向，其他四指代表螺旋面旋转方向)的称右旋螺型位错；符合左手定则的称左旋螺型位错。

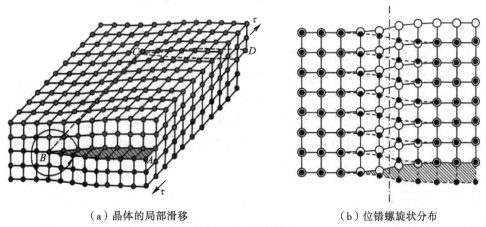

（a）晶体的局部滑移　　　　　　（b）位错螺旋状分布

图 3-9　螺型位错

3. 混合型位错

实际的位错常常是混合型的，介于刃型与螺型之间，如图 3-10(a)所示，晶体在切应力作用下所发生的局部滑移只限于 ABC 区域内，此时滑移区与非滑移区的交界线 AB(即位错)的结构如图 3-10(b)所示，靠近 A 点处，位错线与滑移方向平行，为螺型位错；而在 C 点处，位错线与滑移方向垂直，为刃型位错；在中间部分，位错线既不平行也不垂直于滑移方向，每一小段位错线都可分解为刃型和螺型两个分量。

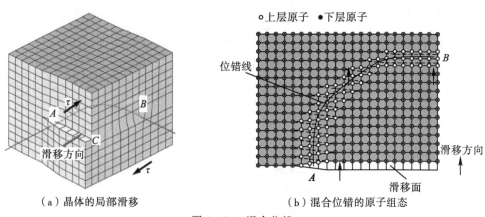

（a）晶体的局部滑移　　　　　（b）混合位错的原子组态

图 3-10　混合位错

根据位错模型不难看出，晶体中有了位错，滑移就十分容易进行，由于位错处原子能量高，它们不太稳定，所以在切应力作用下原子很容易位移，把位错推进一个原子距离。因此晶体的实际强度比理论强度低得多。

通过实验观察发现实际晶体中存在大量的位错，位错产生的源头很多，如凝固、第二相、热处理及其他各道工艺等。对于晶体中位错的数量可以用位错密度 ρ 来表示，它是单位体积晶体中所包含的位错线总长度，即

$$\rho = \frac{S}{V}$$

式中，V 是晶体的体积；S 为该晶体中位错线的总长度。ρ 的单位为 m/m^3，也可化简为 $1/m^2$，此时位错密度可理解为穿越单位截面积的位错线的数量，即

$$\rho = \frac{n}{A}$$

式中，A 为截面积；n 为穿过面积 A 的位错线数量。

细心制备和充分退火后的纯金属内部位错密度较低，约 $10^3 \sim 10^4$ m/cm^3，那么在 $1~cm^3$ 小方块体积的金属中位错线的总长度相当于 $1\sim10$ km。位错的存在使实际晶体的强度远比理想晶体低。但是当位错数量增加至一定程度后，位错线之间互相缠结，反而使位错线难以移动，从而提高了材料的强度。目前主要还是依靠增加位错密度来提高材料的强度。

3.2.3　位错的运动

当滑移面上的切应力分量达到一定值后，位错有可能在滑移面上滑动，把这种现象称

为位错的滑移。图 3-11、图 3-12 分别描述了刃型和螺型两类位错滑移时的切应力方向、位错运动方向以及位错通过后引起的晶体滑移方向之间的关系，图中 $A-B$ 为位错线，阴影部分为滑移面。其中，刃型位错晶体滑移方向与切应力方向一致，位错的运动方向与位错线垂直，与晶体滑移方向一致。对于螺型位错，晶体的滑移方向与切应力方向一致，位错的运动方向与位错线垂直，与晶体滑移方向垂直。如果螺型位错在某一滑移面滑移受阻后，有可能转到位错线的临近滑移面上滑移，这种现象称为交滑移。

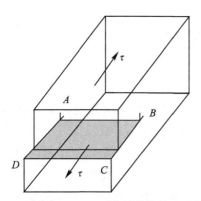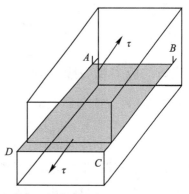

图 3-11　刃型位错的位错运动方向、切应力方向及晶体滑移方向间的关系

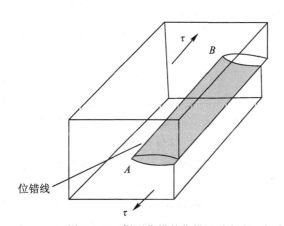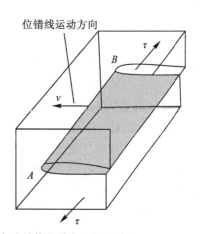

图 3-12　螺型位错的位错运动方向、切应力方向及晶体滑移方向间的关系

　　另一种类型的位错运动是攀移运动。只有刃型位错才能发生攀移运动，螺型位错是不会攀移的。攀移的本质是刃型位错的半原子面向上或向下移动，于是位错线也跟着向上或向下运动。通常把半原子面向上移动称为正攀移，把半原子面向下运动称为负攀移（见图 3-13）。攀移的机制与滑移不同，滑移时不涉及原子的扩散，而攀移正是通过原子的扩散而实现的。外加应力和温度对位错攀移都有影响，通常在高温下攀移会比较显著，而常温下它的贡献并不大。切应力对攀移没有影响，只有正应力才会协助位错实现攀移。在半原子面两侧施加压应力时，会使位错发生正攀移；相反，拉应力容易使位错发生负攀移。

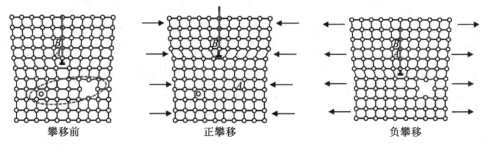

攀移前　　　　　　　　　　正攀移　　　　　　　　　　负攀移

图 3 - 13　位错的攀移过程

3.2.4　位错的应力场与应变能

位错周围的点阵应变产生了相应的应力场。螺型位错周围的晶格应变是简单的纯剪切，而且应变具有径向对称性，其大小仅与离位错中心的距离 r 成反比。刃型位错的应力场要复杂得多，由于插入一层半原子面，使滑移面上方的原子间距低于平衡间距，产生晶格的压缩应变，而滑移面下方则发生拉伸应变。此外，从压缩应变和拉伸应变的逐渐过渡中必然附加一个切应变，最大切应变发生在位错的滑移面上，该面上正应变为零，故为纯剪切。所以刃型位错周围既有正应力，又有切应力，但正应力是主要的。

位错线周围的原子偏离了平衡位置，处于较高的能量状态，高出的能量称为位错的应变能，简称位错能。位错周围原子偏离平衡位置的位移量很小，由此而引起的晶格应变属弹性应变，因此可用弹性力学的基本公式估算位错的应变能。假设晶体为均匀的连续介质，晶体为各向同性。

下面以螺型位错为例，估算其应变能。图 3 - 14 的模型展示了螺型位错的形成过程。材料在图示的滑移面上发生相对位移，然后把切开的面胶合起来，这样螺型位错便在圆柱体中心形成了。螺型位错周围的材料都发生一定的应变，在位错的心部（$r<r_0$），应变已超出弹性变形范围，这部分能量不能用弹性理论计算，由于这部分能量在位错应变能中所占的比例较小，在模型中应把中心部分挖空。在图 3 - 14 的圆柱体中取一个微圆环，它离位错中心的距离为 r，厚度为 dr，在位错形成前、后，该圆环展开如图 3 - 14 所示，位错使该圆环发生了应变，在沿着 $2\pi r$ 的周向长度上的变形量为 b，所以各点的切应变 γ 为

$$\gamma = \frac{b}{2\pi r} \qquad (3-3)$$

根据胡克定律，螺型位错周围的切应力为

$$\tau = \frac{Gb}{2\pi r} \qquad (3-4)$$

式中，G 为材料的切变模量。

这样依据式（3-2），微圆环的应变能为

$$du = \frac{1}{2} \cdot \frac{Gb}{2\pi r} \cdot \frac{b}{2\pi r} \cdot 2\pi r dr L$$

其中，L 为圆环的长度。对 du 从圆柱体半径为 r_0 处至圆柱体外径 r_1 处进行积分，得到单位长度螺型位错的应变能 U_s。

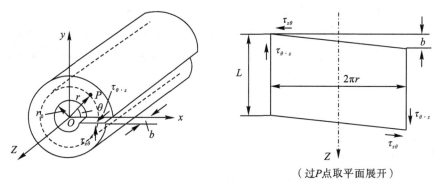

图 3 - 14　圆柱体内螺型位错的形成和微圆环的应变

$$U_{\mathrm{S}} = \frac{1}{L}\int_{r_0}^{r_1} \mathrm{d}u = \frac{Gb^2}{4\pi}\int_{r_0}^{r_1}\frac{\mathrm{d}r}{r} = \frac{Gb^2}{4\pi}\ln\frac{r_1}{r_0} \tag{3-5}$$

对于刃型位错，其结果与螺型位错大致相同。单位长度刃型位错的应变能 U_{E} 为

$$U_{\mathrm{E}} = \frac{Gb^2}{4\pi(1-v)}\ln\frac{r_1}{r_0} \tag{3-6}$$

其中，v 为泊松比，约为 0.33；与式(3-5)相比可知，刃型位错的应变能比螺型位错高，大约高 50%；G、b、v 均为材料常数，于是单位长度位错线的应变能可简化写作

$$U = \alpha Gb^2 \tag{3-7}$$

其中，α 的值可取为 0.5～1.0，对螺型位错 α 取下限 0.5，刃型位错则取上限 1.0。

　　对于位错而言，其应变能远大于空位的形成能，就位错线上单个原子的应变能来说，其值大约比空位的形成能大一个数量级。位错具有很高的能量，因此它是不稳定的，经常出现位错反应。同时，晶体内位错和点缺陷之间会发生交互作用，位错的应力场对其他位错也会产生作用。位错间的交互作用十分复杂，众多位错之间既有吸引又有排斥，交互作用的结果使体系处于较低的能量状态，或者说位错将处于低能的排列状态。

3.3　界面

　　晶体中两相邻部分的取向、结构或点阵常数不同，在它们的接触处将形成界面。界面是一种二维缺陷，对材料的许多性能有重要影响。晶体材料中有多种界面，晶体结构和组成成分相同，但取向不同的两部分晶体的界面称为晶界；而不同相之间的边界则称为相界；固体与气体、固体与液体的界面通常称为表面。按界面上原子排列情况和吻合程度，又可以分为共格界面、非共格界面和半共格界面。还可以按其形成途径分为机械作用界面、化学作用界面、固体结合界面、液相或气相沉积界面、粉末冶金界面等。在这些界面上晶体的排列存在着不连续性，因此界面也是晶体缺陷，属于面缺陷。与点缺陷及位错一样，界面对晶体的性能也有非常大的影响。

3.3.1　晶界

　　根据晶界两侧晶粒位向差(θ 角)的不同，可把晶界分为小角度晶界($\theta \leqslant 10°$)和大角度晶界（$\theta > 10°$）。一般多晶体各晶粒之间的晶界属于大角度晶界。对于小角度晶界，晶界基本上由位错组成。例如最简单的情况是对称倾斜晶界（见图 3－15），即晶界两侧的晶粒相对于晶界对称地倾斜了一个小的角度，相隔一定距离后存在一个刃型位错。根据位错间距 D 与位向差之间的关系可简单地求得

$$D = \frac{b}{2\sin\frac{\theta}{2}} \qquad (3-8)$$

当 θ 很小时，$\sin\theta \approx \theta$，则

$$D = \frac{b}{\theta} \qquad (3-9)$$

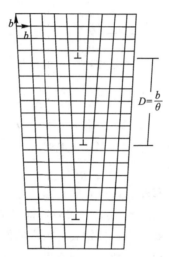

图 3－15　对称倾斜小角度晶界的结构

实际存在的小角度晶界比上述的刃型位错墙复杂，如扭转晶界可能是由螺型位错组成的位错墙，此时晶界两侧的位向相对于晶界不是简单的对称倾斜，而是任意的取向差异。关于这些复杂位错墙的结构细节对我们并不重要，需要掌握的是：所有的小角度晶界均由位错组成，晶界上的位错密度随位向差增大而增加。

对于 $\theta > 10°$ 的大角度晶界，其晶界结构比较复杂，原子排列不规则，不能用位错模型来描述，详细结构还有待进一步研究。目前的研究表明，大角度晶界只是几个挨得很狭窄的过渡区，原子排列较不规则，不能用具体模型描述。一般认为它由某些原子排列规则的好区与排列紊乱的坏区所组成。同时发现晶界相当于两晶粒之间的过渡层，厚度非常小，仅有 2～3 个原子厚度，晶界处的原子排列相对无序，也比较稀疏些。图 3－16 是高分辨显微镜下观察到 Al 的大角度晶界。

不论是小角度晶界还是大角度晶界，这里的原子或多或少地偏离了平衡位置，所以相对于晶体内部，

图 3－16　高分辨显微镜下观察到的 Al 大角度晶界

晶界处于较高的能量状态，高出的那部分能量称为晶界能，或称晶界自由能，记作 γ_G，其单位为 $J \cdot m^{-2}$。

3.3.2　表面

　　表面为固体材料与外界气体或液体接触的界面。材料表面的原子和内部原子所处的环境不同，内部原子处于均匀的力场中，总合力为零；而表面原子与气相（或液相）接触，气相分子对表面原子的作用力可忽略不计，因此表面原子处于不均匀的力场之中，所以其能量大大升高，高出的能量称为表面自由能（或表面能），记作 γ_S。显然，表面能的数值要明显高于晶界能，根据实验测定，其数值大约为晶界能的三倍。

　　从原子结合的角度看，表面原子的结合键尚未饱和，因此此表面原子有强烈的倾向与环境中的原子或分子相互作用，发生电子交换，使结合键趋于饱和。晶体表层原子在不均匀力场作用下会偏离其平衡位置而移向晶体内部，但是正、负离子（或正、负电荷）偏离的程度不同，结果在晶体表面或多或少地产生了双电层。晶体中不同晶面的表面能数值不同，这是由于表面能的本质是表面原子的不饱和键，而不同的晶面上原子密度不同。密排面的原子密度最大，则该面上任一原子与相邻晶面原子作用键数最少，故以密排面作为表面时不饱和键数最少，表面能量低。晶体总是力求处于最低的自由能状态，所以一定体积的晶体的平衡几何外形应满足表面能总和最小的原理。自然界的有些矿物或人工结晶的盐类等常具有规则的几何外形，它们的表面常是最密排面及次密排面，这是一种低能的几何形态。然而大多数晶体并不具有规则的几何外形，这里还应考虑其他因素的影响，如晶体生长时的动力学因素。晶体的宏观表面可以加工得十分光滑，但从原子的尺度来看仍是十分粗糙而凹凸不平的。有趣的是场离子显微镜研究显示，不管表面是否平行于密排面，宏观表面基本上由一系列平行的原子密排面及相应的台阶组成（见图 3-17），台阶的密度取决于表面与密排面的夹角。

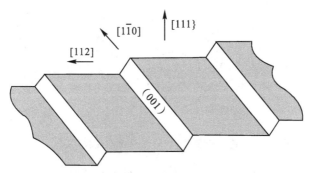

图 3-17　台阶状凹凸不平的晶体表面

　　气体分子或原子在表面吸附可以在不同程度上抵消表面原子的不平衡力场，使作用力的分布趋于对称，于是就降低了表面能，使体系处于较低的能量状态，更为稳定，所以吸附是自发过程，降低的能量以热的形式释放，故吸附过程是放热反应，放出的热量称为吸附热。既然是放热反应，吸附进行的程度随温度升高而降低，这可以理解为，当温度升高时，原子或分子的热运动加剧，因而可能脱离固体表面而回到气相去。这一过程称为解吸或脱附，是吸附的逆过程。固体表面的吸附按其作用力的性质可分为两大类：物理吸附和化学吸附。物理吸附是由范德瓦耳斯力作用而相互吸引的。范德瓦耳斯力存在于任何两个分子之间，所以任何固体对任何气体或其他原子都有这类吸附作用，即吸附无选择性，只是吸附的程度随气体或其他原子的性质不同而有所差异。物理吸附的吸附热较小。化学吸附则来源于剩余的不饱和键力，吸附时表面与被吸附分子间发生了电子交换，电子或多或少地被两者所共有，其实质是形成了化合物，即发生了强键结合。显然，并非任何分子（或原子）间都可以发生化学吸附，吸附有选择性，必须两者间能形成强键。化学吸附的吸附热与化学反应热接近，明显大于物理吸附热。对同一固体表面常常既有物理吸附，又有化学吸附，例如金属粉末既可通过物理吸附的方式吸附水蒸气，又以化学吸附的方式结合氧原子，在不同条件下某种吸附可能起主导作用。

3.3.3 界面能与显微组织的变化

晶体材料的界面能会促使显微组织发生变化，变化的结果是降低了界面能。最明显的是晶粒形状及晶粒大小的变化。铸态金属晶体的晶粒形状常常很不规则，其晶界是相邻两晶体各自生长相遇形成的，由于晶体各处的生长条件不同，因此晶界线常是不规则的，如图 3-18(a)所示。退火保温时，每个晶粒都力图减小自己的晶界面积，转动自己的方位，最后达到平衡。如图 3-18(b)所示，晶界相对拉直了，使晶界面积减小，且在大多数情况下，三晶粒交会点处三条切线的夹角基本相等，即 $\theta_1 = \theta_2 = \theta_3 \approx 120°$。这一特征是由晶界能的性质决定的，当晶粒处于平衡时，某一交会点处的各晶界的界面能与界面夹角之间应存在下述平衡关系：

$$\frac{\gamma_A}{\sin\theta_1} = \frac{\gamma_B}{\sin\theta_2} = \frac{\gamma_C}{\sin\theta_3}$$

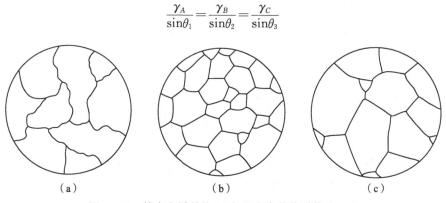

(a)   (b)   (c)

图 3-18　铸态金属晶粒(a)与退火态晶粒形状(b、c)

然而，这样的晶粒尺寸并不一定是最终的平衡状态，因为虽然维持了结点处的120°，但边界仍可能呈弯曲状。图 3-19 给出了不同边界数的晶粒其顶角均满足120°时的晶粒形状，由图可见：尺寸较小的晶粒一定具有较少的边界数，边界向外弯曲；而尺寸较大的晶粒边数大于6，晶界向内弯曲；只有六条边的晶粒晶界才是直线。在降低体系界面能的驱动作用下，弯曲的晶界有拉直的趋势，然而晶界平直后常常改变了交会点的界面平衡角，接着交会点夹角又会自动调整来重新建立平衡，这又引起晶界弯曲。在此变化过程中，边数小于 6 的二维晶粒要逐渐收缩甚至消失，而那些大于六边形的晶粒则趋于长大，这就是晶粒长大过程。

图 3-19 晶界边数与晶粒形状

习 题

1. 晶体中点缺陷的类型有哪些？空位对材料行为的主要影响是什么？

2. 晶体中位错的类型有哪些？总结位错理论在材料科学中的应用。

3. 为什么点缺陷在热力学上是稳定的，而位错则是不平衡的晶体缺陷？

4. 表面为什么具有吸附效应？物理吸附及化学吸附各起源于什么？试举出生活中的例子说明吸附现象的实际意义。

5. 纯 Cu 的空位形成能为 1.5 aJ/原子（1 aJ $=10^{-18}$ J），将纯 Cu 加热至 850 ℃后激冷至室温（20 ℃），若高温下的空位全部保留，试求过饱和空位浓度与室温平衡空位浓度的比值。

6. 在晶体的同一滑移面上有两个直径分别为 r_1 和 r_2 的位错环，其中 $r_1 > r_2$，它们的伯格斯矢量相同，试问在切应力作用下何者更容易运动？为什么？

第 4 章

相平衡

材料学家罗伯特·康(Robert Cahn)认为,相平衡、原子和晶体学说及显微组织的研究是材料科学得以发展的三个必要条件。材料或物质系统中各种相的平衡存在条件以及各相之间的共存关系可以用几何图形来表示,称之为相图,亦称为相态图或相平衡状态图。

相图可以为材料的成分选择、制备和应用提供重要的指导,被喻为"冶金学家的地图"。利用已有的相图,可以选定材料的组成成分,选择加工工艺制度,分析材料结构的变化趋势以及预测在热力学平衡条件下材料所具有的性能。此外,相图还可以帮助我们分析材料在加工过程中产生的一些质量问题。因而,相图是材料研究和生产不可缺少的一个工具。

本章的核心问题是平衡相图及其应用,重点为相图的基本概念与二元相图,同时扼要介绍了三元相图,并选择了一些有代表性的合金相图予以进一步讨论。

4.1 相律

4.1.1 基本概念

实际晶体材料大多是晶体,由很多晶粒组成。材料的组织就是各种晶粒的组合特征,即各种晶粒的相对量、尺寸大小、形状分布等特征。晶体的组织比原子结合键及原子排列方式更易随成分及加工工艺的变化而变化,是一个影响材料性能的极为敏感而重要的结构因素。

1. 相与组元

(1)相与显微组织

相,是指材料或物质系统中那些成分一致、结构相同、物理和化学性质均一的部分,当系统中有不同相同时存在时,相与相之间被相界分开。与固态、液态、气态三态对应,物质有固相、液相和气相。比如,冰水混合物,冰为一相,水又为一相。相与化学成分没有必然的联系,一个相可以含有一种或多种化学成分。当外界条件或系统成分发生变化时,则有可能发生相变,导致系统中相的数量或性质发生变化。

在给定外界约束条件下,材料或物质系统中可能有多个固相甚至液相同时存在,从而出现凝聚态的多相系统。固态材料的整体性能取决于其中存在的相的数目以及各相的相对量、各相的成分与结构、相的空间分布与形貌尺寸（即组织）等。肉眼能观察到的粗大的组织，称为宏观组织。用金相显微镜或电子显微镜才能观察到的内部组织，称为显微组织或金相组织。

图 4-1(a)、(b)分别是单相多晶组织与多相组织的实例。图 4-1(a)是利用光学金相显微镜观测到的工业纯铁单相多晶体在室温下的晶粒组织截面，其中所有晶粒均为体心立方(bcc)晶体结构的 α-Fe 相，其物理和化学性质均一。由于各晶粒的晶体取向存在差异，故晶粒与相邻晶粒之间由晶界分开，但该组织中不存在相界面。图 4-1(b)是可锻铸铁，是由铁素体相（白色基体，bcc 晶体结构，碳在 α-Fe 中的固溶体相）加石墨相（黑色，简单六方晶体结构，碳元素的一种同素异构体）组成的两相组织。显微组织可以是单相，在多晶体中可见到晶界，亦可以是两相或多相，此时可见到异相之间的相界与基体相中晶粒之间的晶界。

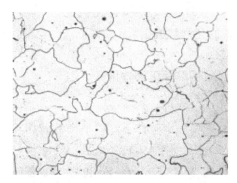 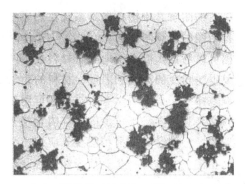

（a）工业纯铁（退火态单相铁素体晶粒组织）　　　（b）可锻铸铁（铁素体+石墨两相组织）

图 4-1　钢铁材料中的光学金相显微组织实例

（原放大倍数为×200，4％硝酸酒精浸蚀）

（2）组元

一个给定系统中的组元，是指构成该系统的独立的、最基本的单元，一般是化学元素或化合物，例如铁碳二元系中的组元 Fe 和 C，MgO-SiO$_2$ 二元系中的组元 MgO 和 SiO$_2$。一个相或一个系统的成分可由各组元的相对量来描述。依其组元个数，合金可以划分为二元、三元和更高元的多元合金等。

4.1.2　相平衡与相变

1. 相平衡的条件

相平衡是指在宏观条件（例如温度和压力）一定的情况下，各相的性质和数量均不再随时间的变化而变化的状态。相平衡是一种动态平衡，从宏观上看，没有物质由一相向另一相的净转移；但从微观上看，不同相间原子或分子的转移并未停止，只是两个相反方向的转移速度相同。

根据热力学，多相多组分系统中相与相的组合及其可能的变化由吉布斯自由能（G）来决定：

$$dG = -SdT + Vdp + \sum_\alpha \sum_B \mu_B(\alpha)dn_B(\alpha) \tag{4-1}$$

式中，p、T、V、S 分别代表压力、温度、体积和熵；$dn_B(\alpha)$ 为组元 B 在 α 相中的物质的量；$\mu_B(\alpha)$ 为组元 B 在 α 相中的化学势。

$$\mu_B(\alpha) = \left(\frac{\partial G(\alpha)}{\partial n_B(\alpha)} \right)_{T, p, n_C (C \neq B)} \tag{4-2}$$

根据热力学第二定律，对处于不平衡状态的系统来说，当温度和压力恒定时，如果动力学条件允许，那么系统就会自发沿 G 减小的方向进行，直到平衡使吉布斯自由能达到最小值，可得

$$dG = \sum_\alpha \sum_B \mu_B(\alpha) dn_B(\alpha) \leqslant 0 \tag{4-3}$$

假设有 $dn_B(\alpha)$ 的 B 组分由 α 相迁移至 β 相，其他组分在各相中的物质的量不变，则

$$dn_B(\beta) = -dn_B(\alpha) \tag{4-4}$$

于是系统吉布斯自由能的变化为

$$dG = \mu_B(\alpha) dn_B(\alpha) + \mu_B(\beta) dn_B(\beta) = [\mu_B(\alpha) - \mu_B(\beta)] dn_B(\alpha) \leqslant 0 \tag{4-5}$$

由于 $dn_B(\alpha) < 0$，可得多相多组分系统相平衡的化学势判据

$$\mu_B(\alpha) \geqslant \mu_B(\beta) \tag{4-6}$$

即物质总是从化学势高的相向化学势低的相迁移，相平衡时化学势相等。

2. 相变

相变是指在外界约束条件(温度或压力)变化至某些特定条件下，相平衡被破坏，导致系统中相的突变。这些突变主要表现在三个方面：①从一种结构转变为另一种结构，如水的固态、液态和气态之间的转变；纯铁三种同素异构体 δ-Fe、γ-Fe 和 α-Fe 之间的相互转变等。②化学成分的不连续变化，如均匀溶液的脱溶沉淀、固溶体的脱溶分解。③物理性质的突变，如顺磁体与铁磁体之间的转变，正常导体与超导体间的转变等。

(1)相变的分类

①按物质状态分类。

物质有固态、液态和气态三种典型的状态，在这三者之间的状态转变即为相变，如金属的熔化和凝固。

②按质点迁移特征分类。

相变也可分为扩散型和无扩散型两大类。扩散型相变依靠原子、离子的扩散进行，如溶体结晶、气-固和液-固相变、共析转变等。无扩散型相变是通过切变方式使相界面迅速推进，从相变开始到完成，单个原子的移动小于一个原子间距。低温下的同素异构转变是无扩散型转变。

③按热力学特征分类。

根据相变前后热力学函数的变化，将相变分为一级相变、二级相变和高级相变。n 级相变是指系统热力学函数在相变点有 $(n-1)$ 阶连续导数，但 n 阶导数不连续。

系统发生一级相变时，热力学函数相等，热力学函数的一阶导数不相等。一级相变前后，系统的熵和体积有突变，相变过程中有相变潜热的吸收或释放。

系统发生二级相变时，热力学函数相等，热力学函数的一阶导数也相等。二级相变前后，系统的体积和熵均无突变，且无相变潜热。一般合金中的有序-无序转变、铁磁性-顺

磁性转变及超导态转变均属于二级相变。

④按相变方式分类。

a. 形核-长大型。

形核-长大型是先形成新相核心，然后其他原子往核心扩散而使核心长大成为晶体，直至新相晶体相遇。相变是由程度大、范围小的浓度起伏开始，形核在母相的局部区域（晶界、位错、杂质表面等）。单晶硅的形成、溶液中的结晶都是形核-长大型相变。

b. 斯皮诺达(Spinodal)型。

斯皮诺达型是无需形核，在母相各处同时发生而且是均匀的相变。新、旧相间无明显的分界，相与相间的晶体结构完全相同而化学成分不同。相变是由程度小、范围大的浓度起伏开始。部分有序-无序转变属于此类。

(2)化学势的确定

设二元系统(含 A、B 组元)有 α、β 两相，两相中都有 A、B 组元，以 α 相为研究对象。定温定压下，有

$$dG(\alpha) = \mu_A(\alpha)dn_A(\alpha) + \mu_B(\alpha)dn_B(\alpha) \tag{4-7}$$

两边同时除以 $dn_A(\alpha) + dn_B(\alpha)$，得

$$dG(\alpha) = \mu_A(\alpha)dx_A(\alpha) + \mu_B(\alpha)dx_B(\alpha) \tag{4-8}$$

其中，$x_A(\alpha)$ 和 $x_B(\alpha)$ 分别为 α 相中 A、B 的摩尔分数，$x_A(\alpha) + x_B(\alpha) = 1$，微分得

$$dx_A(\alpha) = -dx_B(\alpha) \tag{4-9}$$

将式(4-9)代入式(4-8)，得

$$dG(\alpha) = [\mu_B(\alpha) - \mu_A(\alpha)]dx_B(\alpha) \tag{4-10}$$

整理得

$$\frac{dG(\alpha)}{dx_B(\alpha)} = \mu_B(\alpha) - \mu_A(\alpha) \tag{4-11}$$

则

$$\mu_A(\alpha) = \mu_B(\alpha) - \frac{dG(\alpha)}{dx_B(\alpha)} \tag{4-12}$$

将式(4-8)两边积分得

$$\int_0^{G(\alpha)} dG(\alpha) = \int_0^{x_A(\alpha)} \mu_A(\alpha)dx_A(\alpha) + \int_0^{x_B(\alpha)} \mu_B(\alpha)dx_B(\alpha) \tag{4-13}$$

设化学势是常数，积分并整理后得

$$G(\alpha) = \mu_A(\alpha)x_A(\alpha) + \mu_B(\alpha)x_B(\alpha) \tag{4-14}$$

将式(4-12)代入式(4-14)得

$$G(\alpha) = \left[\mu_B(\alpha) - \frac{dG(\alpha)}{dx_B(\alpha)}\right]x_A(\alpha) + \mu_B(\alpha)x_B(\alpha) \tag{4-15}$$

整理式(4-15)，并将 $x_A(\alpha) + x_B(\alpha) = 1$ 代入后得

$$\mu_B(\alpha) = G(\alpha) + \frac{dG(\alpha)}{dx_B(\alpha)}x_A(\alpha) \tag{4-16}$$

将式(4-16)代入式(4-12)得

$$\mu_A(\alpha) = G(\alpha) - \frac{dG(\alpha)}{dx_B(\alpha)} x_B(\alpha) \qquad (4-17)$$

其中，$\mu_A(\alpha)$、$\mu_B(\alpha)$分别为 α 相中 A、B 的化学势。图 4-2 为 α 相的 G-x 图，EF 曲线为 G-x 线。图中，成分为 $x_B(\alpha)$ 的系统，其吉布斯自由能为 m 点对应的自由能 $G(\alpha)$，即 C、D 点处的自由能。要获取系统中 A、B 组元的化学势，则需作 G-x 线在 m 点的切线 PQ。A 的化学势为 AP 段，$\mu_A(\alpha) = AC - CP$。B 的化学势为 BQ 段，$\mu_B(\alpha) = BD + DQ$。图 4-2 示意了 α 相中的情形，若把 β 相结合起来考虑，G-x 图是何种情形呢？

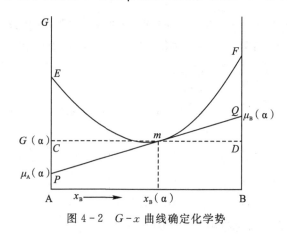

图 4-2　G-x 曲线确定化学势

（3）相平衡的公切线定则

由 α、β 相组成，且含有 A、B 组元的二元系统，各相达成平衡时，A 在 α 和 β 相中的化学势相等，即 $\mu_A(\alpha) = \mu_A(\beta)$。同理，$\mu_B(\alpha) = \mu_B(\beta)$。将 α 相和 β 相的 G-x 曲线画在同一个图中，作两个 G-x 线的公切线可满足以上热力学条件，如图 4-3 所示。

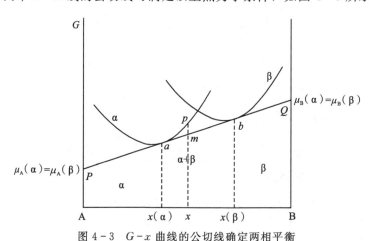

图 4-3　G-x 曲线的公切线确定两相平衡

图 4-3 中，α 相和 β 相的 G-x 曲线的公切线为 ab。对 α 相来说，切点 a 的系统中（组成为 $x(\alpha)$），A 的化学势为 AP 段；α 相中 B 的化学势为 BQ 段。同理，切点 b 的系统（组成为 $x(\beta)$），A、B 在 β 相中的化学势也分别是 AP 段和 BQ 段。

对于组成在 $x(\alpha) \sim x(\beta)$ 之间的系统，以组成为 x 的系统为例。若它是单相，则自由能为

p 点之值，该点在 α 相 $G-x$ 线上，也就是说组成为 x 的系统若是单相，则应是 α 相。若是以 α、β 相共存，则系统自由能为公切线 ab 线上的 m 点对应的自由能。m 点的自由能要小于 p 点的自由能，因此组成在 $x(α)\sim x(β)$ 之间的系统以 α、β 相共存比单相存在更稳定。平衡存在的两相由组成为 $x(α)$ 的 α 相和组成为 $x(β)$ 的 β 相组成。图 4-3 中，以 α+β 表示 α、β 相共存区，组成小于 $x(α)$ 的系统以 α 相单相存在，组成大于 $x(β)$ 的系统以 β 相单相存在。

(4)$G-x$ 曲线上的相变驱动力

①相变的总驱动力。

如图 4-4 所示，成分为 x 的系统，转变前为 α 相，其自由能为 p 点值 G_p。当该系统转变为 α 相和 β 相的混合物并达到平衡后，α 相的成分为 $x(α)$，β 相的成分为 $x(β)$。平衡时，系统的自由能为 m 点之值 G_m，故相变的总驱动力为 $\Delta G = G_m - G_p$。

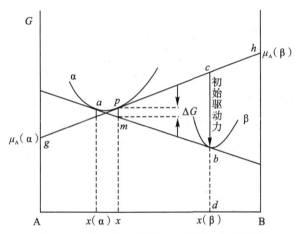

图 4-4　相变总驱动力与初始驱动力示意图

②相变的初始驱动力。

在相变刚开始时，α 相的成分并未达到平衡态。此时的成分在 x 附近作微小波动，因而其驱动力与总驱动力不同。设在 α 相中有少量成分为 $x(β)$ 的 β 相析出，则 1 mol 系统中，B 组元的量增加 $x(β)$，A 组元的量减少 $1-x(β)$。由图 4-4 可见，β 相自由能低，故析出 β 相可使体系自由能降低。由 $dG(α) = \mu_A(α)dx_A(α) + \mu_B(α)dx_B(α)$ 可知，系统因析出 β 相而降低的自由能为

$$\Delta G(α) = \mu_A(α)[1-x(β)] + \mu_B(α)x(β) \tag{4-18}$$

此降低自由能用 cd 段表示。而对 β 相来说，要从无到有并长大，有一定难度，因体系自由能从 0 开始增大，增大值为

$$\Delta G(β) = \mu_A(β)[1-x(β)] + \mu_B(β)x(β) \tag{4-19}$$

此增加的自由能用 db 段表示。综上两种情况，系统的初始驱动力为 $\Delta G(β) - \Delta G(α) = db - cd = cb$。$cb$ 段为初始驱动力，箭头指向自由能降低方向。

(5)影响相变的外界条件

①温度。

根据式(4-1)，系统在组分不变、恒压、其他功为 0 时，$dG = -SdT$，则

$$\left(\frac{\partial G}{\partial T}\right)_p = -S \tag{4-20}$$

由热力学第三定律，纯物质的完美晶体在 0 K 时，熵 $S=0$；温度升高，熵 S 增大，则

$$\left(\frac{\partial G}{\partial T}\right)_p = -S < 0 \tag{4-21}$$

将式(4-21)在压强不变的条件下对温度求导。因温度升高，熵 S 增加，且 $S>0$，故

$$\left(\frac{\partial^2 G}{\partial T^2}\right)_p = -\left(\frac{\partial S}{\partial T}\right)_p < 0 \tag{4-22}$$

由数学知识，一个在闭区间 $[a,b]$ 上连续且在 (a,b) 内具有一阶、二阶导数的函数 $f(x)$，若 $f''(x)<0$，则 $f(x)$ 在 $[a,b]$ 上图形是凸的。由此，式(4-22)表明上述系统的吉布斯自由能-温度(G-T)曲线是凸的。

图 4-5 示意了 G 与 T 的关系。图中 $T=T_0$ 处，两相的自由能相等，$\Delta G(\alpha)=\Delta G(\beta)$。$T_0$ 为 α、β 相的理论转变温度。但实际转变往往不在 T_0 处，因 $\Delta G=0$。系统只有在一定的过冷度($\Delta T=T_0-T_1$)或过热度($\Delta T=T_0-T_2$)下，才能获得转变所需的驱动力(即自由能差 ΔG)。当 $T<T_0$ 时，$\Delta G(\alpha)<\Delta G(\beta)$，$\beta$ 相的自由能高，故要转变为 α 相；当 $T>T_0$ 时，$\Delta G(\alpha)>\Delta G(\beta)$，$\alpha$ 相的自由能高，故要转变为 β 相。

②压强。

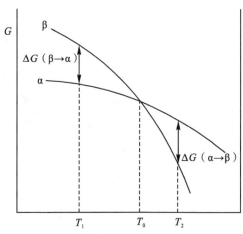

图 4-5 α 和 β 相的 G-T 曲线(ΔG 为相变驱动力)

系统在恒温、可逆、非体积功为 0 时，$dG=Vdp$。由 $pV=nRT$ 得 $V=nRT/p$。对 1 mol 理想气体，将 V 的代数式代入 $dG=Vdp$，并积分得到

$$\Delta G = \int_{G_1}^{G_2} dG = \int_{G_1}^{G_2} \frac{RT}{p} dp = RT\ln\frac{p_2}{p_1} \tag{4-23}$$

当过饱和蒸气压为 p_1 的气相能自发凝聚成液相或固相时(设平衡蒸气压为 p_0)，有

$$\Delta G = RT\ln\frac{p_0}{p_1} < 0 \tag{4-24}$$

上式表明当系统的饱和蒸气压 p_1 大于平衡蒸气压 p_0($p_1>p_0$)时，气相能自发凝聚成液相或固相。这里，过饱和蒸气压 $\Delta p=p_1-p_0$ 为相变的驱动力。

③浓度。

对溶液而言，浓度与压强相似。可以用浓度 c 代替式(4-24)中的压强 p：

$$\Delta G = RT\ln\frac{c_0}{c_1} < 0 \tag{4-25}$$

同样，要使溶液自动结晶，$\Delta G<0$，即 $c_0<c_1$。表明，溶液要结晶，需要有一定的过饱和度。过饱和浓度 $\Delta c=c_1-c_0$ 为相变的驱动力。

综上所述，相变要发生，则系统需有一定的过冷(过热)度 ΔT、过饱和蒸汽压 Δp 和

过饱和浓度 Δc。ΔT、Δp、Δc 越大，则系统相变的驱动力越大，相变越容易发生。ΔT、Δp、Δc 可统称为表观驱动力，而相变驱动力本质上仍是 ΔG 或 $\Delta \mu$。以上是从热力学角度来说的，从动力学角度看，相变要发生，还需要越过一定的势垒。

④相变势垒。

相变势垒是指相变时，改变晶格或产生切变所必须克服的原子间吸引力。要克服势垒，可通过原子的热振动、机械应力(如塑形变形)使原子离开平衡位置，进而发生相变。势垒高低可近似用激活能表示，激活能大，相变势垒高，相变不易发生，反之相变易发生。

4.1.3　相律

相律是所有相平衡体系所遵循的普遍规律，是用来描述相平衡体系中自由度 f 与组元数 c、相数 p 以及外界因素之间的定量关系式，通常外界因素是温度和压力两个变量。

自由度是指在保证体系相态不变的条件下，可以在一定范围内独立变动的强度变量的数目。温度、压力和成分的变化会引起系统自由能的变化，是影响相平衡的主要强度变量。

在一个由 c 个组元组成的合金系中，如果有 p 个相共存，则达到平衡时，在相的数目不变的条件下，允许改变的变量的数目，即自由度 f 为

$$f = c - p + 2 \tag{4-26}$$

若压力恒定，则变数减少 1，自由度也相应减少 1，系统的自由度变为

$$f = c - p + 1 \tag{4-27}$$

相律是一个概括了系统中平衡相的数目和其自由度大小的规律。根据相律，可以判断在一定条件下，平衡系统中最多可共存的相数。比如，水的平衡相图，组元数为 1，可得 $f = 3 - p$，自由度不可能小于零，故水的相图中最多只能有三相共存，此时对应水的三相点(0.01 ℃、610 Pa)。

4.1.4　相图的基本概念

相图要有可方便表示温度、压力和成分的坐标系，明确标出各平衡相的存在区域及它们之间的相互关系。温度和压力各自为一个独立变量，各用一个坐标轴，合金组元数不同，需要的成分坐标轴数量不同。由于大量材料通常都在常压下制备和应用，从而可视压力为常数，则单元系、二元系和三元系相图可依次用直线、平面和三维空间来表示。

随组元数目的不同，可用点、线、面和一定的体积空间在相图的坐标系中标注出不同相的存在区域，简称相区。这些区域既可以是单相，也可以是两相或多相共存。

在相图中，相邻相区中相的类型和数量的差必须是 ±1，且任一个相区中相的种类必为其相邻的 2 个相区中所共有的相。

4.2　单元系相图

单元系可以是一种纯元素组元组成的系统，也可以是在研究温度及压力范围内不分解的化合物单一组元组成的系统。影响单元系平衡的因素只有温度和压力，常用 $P\text{-}T$ 坐标系表示单元系相图。

4.2.1 单元系相图实例

1. 铁的相图

钢铁材料是应用较为广泛的一类工程结构材料，讨论纯金属元素 Fe 的相图很有意义。如图 4-6(a)所示，当压力和温度均可变时，Fe 的相图的 2 个坐标轴为压力 P 和温度 T。在不同的压力范围与温度范围的组合条件下，铁有可能以液相 L 和 4 种固相形式存在，其中 δ、γ、α 和 ε 为铁的同素异构体。同素异构体之间的转变，称为同素异构转变（又称为多型性转变）。

当压力恒定（如常压），Fe 的相图仅剩一个温度坐标轴，如图 4-6(b)所示，高压下出现的 ε 相在常压下不会出现。在室温下，纯金属 Fe 的热力学稳定相为晶体结构类型为 bcc 的 α-Fe 相。

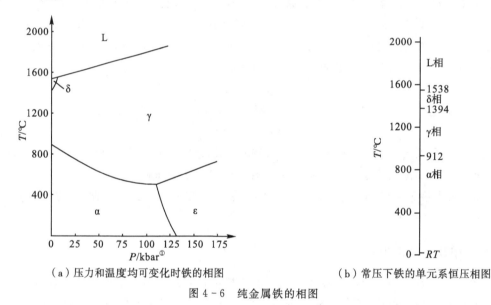

（a）压力和温度均可变化时铁的相图　　　　　　（b）常压下铁的单元系恒压相图

图 4-6　纯金属铁的相图

2. 碳的相图

图 4-7 是碳的单元系相图。在常温常压下，碳的平衡相为石墨，金刚石（钻石）是处于亚稳态的。根据相图，在常温下加压可以把石墨转变为金刚石，但反应速率非常小。自然界的金刚石是在地下深处（100 km 以下），高温、高压的条件下形成的。人工合成金刚石常常需要在高温、高压并有催化剂的作用下进行。

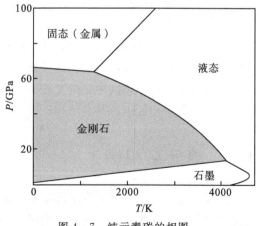

图 4-7　纯元素碳的相图

---

① 1 bar＝100 kPa。

3. SiO₂ 的相图

SiO₂ 是一种在自然界分布极广的氧化物，存在多种稳定和亚稳晶型，在加热和冷却（或伴随压力变化）的过程中，具有复杂的多晶转变。图 4-8 是 SiO₂ 的单元系相图。

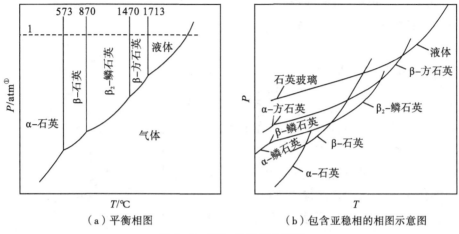

（a）平衡相图　　　　　（b）包含亚稳相的相图示意图

图 4-8　SiO₂ 的单元系相图

在常压和有矿化剂（或杂质）存在的条件下，SiO₂ 晶体分为石英、鳞石英和方石英 3 个系列，每个系列中又有不同变体。如图 4-8(a) 所示的 SiO₂ 相图给出了在一个大气压下各相的平衡转变温度，对陶瓷材料的应用有重要意义。α-石英→β-石英转变在 573 ℃下进行，且转变很快。其他转变则要求很长时间才能达到平衡，往往出现亚稳相。图 4-8(b) 为 SiO₂ 可能出现的亚稳相。例如 β₂-鳞石英→β-石英转变非常慢，经常转变为 β-鳞石英和 α-鳞石英亚稳相，而不是平衡的 β-石英相。这些亚稳相可以在室温长时间存在。

4.2.2　单元系相图的结构分析

单元系相图多采用 P-T 坐标系，恒压条件下则用温度坐标系。

以如图 4-7 所示的碳的相图为例，该相图被划分为 4 个区域，分别对应金刚石、石墨、金属态碳和液体 4 个稳定相区。在任意一个相稳定存在的区域内，相的个数 p 恒为 1，根据相律公式，系统的自由度 f 为 2，温度和压力均可独立变化而不会破坏系统的平衡状态。

当两相共存时，相的个数 p 为 2，根据相律公式，系统的自由度 f 为 1，为维持系统平衡状态不被破坏，温度和压力两个变量中仅有 1 个可以独立变化，其变化轨迹必然是一条线。例如，金刚石相区和石墨相区的边界线上，金刚石和石墨两个相处于平衡状态而共存。

当 3 个相平衡共存时，根据相律公式，系统的自由度 f 为 0，为维持系统平衡状态不被破坏，温度和压力均不能变化。如此，在图 4-7 中分别形成了金刚石-石墨-液相和金刚石-金属态碳-液相两个三相点。该三相点也必然是三条两相共存平衡曲线的交点。

① 1 atm＝10 1325 Pa。

4.2.3　单元系相图的热力学分析

1. 温度和压力对吉布斯自由能的影响

（1）吉布斯自由能随温度的变化

单组元体系（纯物质）的吉布斯自由能可表示为

$$dG=-SdT+Vdp \tag{4-28}$$

对上式温度求偏导数，得到

$$\left(\frac{\partial G}{\partial T}\right)_p=-S<0 \tag{4-29}$$

可知，在压力一定的条件下，图 4-9 中的 G-T
曲线具有如下特征。

①G-T 曲线斜率的负值就是熵。由于熵总是正
的，G-T 曲线随着温度的增加逐渐降低；又因为温
度越高熵越大，G-T 曲线随着温度的增加越降
越快。

②对于不同的相，即使温度相同，熵也不同。
液体的熵总是大于同一温度下固体的熵，所以液体
G_L-T 曲线斜率的绝对值总是大于同一温度下固体
G_S-T 曲线斜率的绝对值，两条曲线交点对应的温
度为熔点 T_m。当 $T>T_m$ 时，液相自由能较低，液
相较稳定；当 $T<T_m$ 时，固相自由能较低，固相较
稳定；当 $T=T_m$ 时，则液相和固相保持平衡。

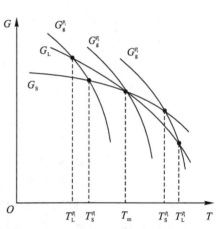

图 4-9　纯物质的自由能-温度曲线

③气体的熵比同温度下液体和固体的熵都大，因此气体的 G_g-T 曲线斜率的绝对值更大。

（2）压力对吉布斯自由能的影响

根据热力学关系式

$$\left(\frac{\partial G}{\partial p}\right)_T=V \tag{4-30}$$

可知，压力对吉布斯自由能的影响如下。

①液体和固体的体积较小，其自由能随压力的变化可忽略，不同压力下的 G_L-T 和
G_S-T 曲线是唯一的。

②气体压力对自由能的影响不可忽略，不同压力下的 G_g-T 曲线是不同的，因此 G_g-T
曲线是随压力变化的一组曲线。

③由于 V 总是大于零的，在同样的温度下，G_g 随 p 的增加而增大，即压力越高，
G_g-T 曲线位置越高。图 4-9 中的三条 G_g-T 曲线，其压力大小为 $p_3>p_2>p_1$。这三条
G_g-T 曲线对应三类平衡状态，具体分析如下。

a. $G_g^{p_2}$-T 曲线。

$G_g^{p_2}$-T 曲线与 G_L-T 和 G_S-T 曲线有一个公共交点 T_m，该点就是这个单元系的三相

平衡点。在该点$(p_2，T_m)$，气、液、固三相平衡共存。

b. $G_g^{p_1} - T$ 曲线。

该曲线与 $G_L - T$ 和 $G_S - T$ 曲线分别交于 $T_L^{p_1}$ 与 $T_S^{p_1}$（见图 4-9）。在 p_1、$T_L^{p_1}$ 状态下，固相的自由能较低，固相是稳定相，气-液两相亚稳平衡；而在 p_1、$T_S^{p_1}$ 状态下，液相的自由能较高，气-固两相稳定平衡。对应于单元系相图中，在 p_1 压力下，当 $T<T_S^{p_1}$ 时，固相是稳定相，延伸到这一区域的气-液平衡线是亚稳的（见图 4-10）。

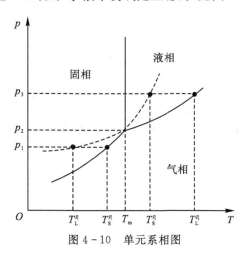

图 4-10 单元系相图

c. $G_g^{p_3} - T$ 曲线。

该曲线与 $G_L - T$ 和 $G_S - T$ 曲线分别交于 $T_L^{p_3}$ 与 $T_S^{p_3}$（见图 4-9）。显然，在 p_3、$T_L^{p_3}$ 状态下，固相的自由能较高，气-液两相稳定平衡；而在 p_3、$T_S^{p_3}$ 状态下，液相的自由能较低，气-固两相是亚稳平衡的。对应于单元系相图中，在 p_3 压力下，当 $T_m<T<T_L^{p_3}$ 时，液相是稳定相，延伸到这一区域的气-固平衡线是亚稳的（见图 4-10）。

2. 相平衡温度与压力的关系

对于纯物质 B 在任意两相（α 和 β）中的平衡，其平衡温度 T 与压力 p 的关系可用克拉佩龙（Clapeyron）方程进行描述，即

$$\frac{\mathrm{d}T}{\mathrm{d}p} = \frac{T\Delta V_m}{\Delta H_m} \tag{4-31}$$

式中，V_m 为摩尔体积，H_m 为摩尔焓。

(1)固-液平衡

固体熔化时吸收热量，焓变大于零，即 $\Delta H_m>0$。温度与压力的关系受熔化前后体积变化的影响。

①若熔化后体积不变（$\Delta V_m=0$），则 $\mathrm{d}T/\mathrm{d}p=0$，即熔点 T 为常数，不随 p 变化。例如石英在低压下的平衡相图，其固液平衡线近似为一条垂直于 T 轴的直线。

②若液相体积小于固相体积（$\Delta V_m<0$），则 $\mathrm{d}T/\mathrm{d}p<0$，即熔点 T 随 p 的增加而降低。典型物质如冰和铋。

③液相体积大于固相体积（$\Delta V_m>0$），则 $\mathrm{d}T/\mathrm{d}p>0$，即熔点 T 随 p 的增加而升高。

绝大多数物质的凝固曲线斜率为正。

通常物质熔化时 ΔV_m 的绝对值很小，dp/dT 的绝对值很大，相图中固-液平衡曲线较陡。

(2)气-液平衡

液体气化时吸收热量，熔变大于零，即 $\Delta H_m > 0$。气相的体积大于液相($\Delta V_m > 0$)，可得 $dT/dp > 0$，沸点 T 随 p 的增加而升高。

气化的体积变化 ΔV_m 远大于熔化过程，因此沸点随压力的变化比熔点随压力的变化更显著，在相图中气-液平衡曲线斜率的绝对值远小于固-液平衡曲线。

(3)气-固平衡

固体升华时吸收热量，熔变大于零，即 $\Delta H_m > 0$。气相的体积大于固相($\Delta V_m > 0$)，可得 $dT/dp > 0$，升华温度 T 随 p 的增加而升高。

升华的体积变化 ΔV_m 远大于熔化过程，因此升华温度随压力的变化比熔化温度随压力的变化更显著，在相图中气-固平衡曲线斜率的绝对值远小于固-液平衡曲线。

气化和升华的体积变化 ΔV_m 相差不大，升华的 ΔH_m 大于气化，因此气-固平衡曲线的斜率较气-液平衡曲线大。

4.3 二元系相图

二元系含有两个独立组元，系统的最大自由度数为3，用图形完整地表示，需要温度、压力和成分3个坐标变量。

材料系统属于凝聚系统，在大多数情况下，压力保持在一个大气压，可不考虑其影响。这样，在常压下二元系相图只有温度和成分2个变量，用二维平面坐标图即可表示，水平坐标轴表示成分，垂直坐标轴表示温度。

4.3.1 二元相图的一般规律

1. 二元相图结构的一般规律

以图4-11示意性绘出的匀晶、共晶、包晶3种简单类型为例，扼要介绍二元相图的基本特征。图4-11中成分 x_B 为摩尔分数，也可用 B 的质量分数(w_B)表示。

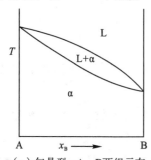 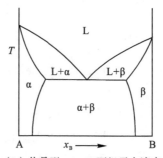 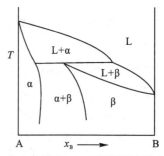

(a)匀晶型—A、B两组元在　　(b)共晶型—A、B两组元在液态　　(c)包晶型—A、B两组元在
液态和固态均无限互相溶解　　无限互溶，特定温度下发生共晶　　液态无限互溶，特定温度下发生包晶
　　　　　　　　　　　　　反应L⇌α+β　　　　　　　　反应L+α⇌β

图4-11 三种简单几何结构的恒压二元相图

　　压力恒定时，二元系的自由度 $f=3-p$。当相数 $p=1$ 时，$f=2$，单相区表现为一个温度和成分皆能独立变化的区域。在这个区域内，任意一点的成分和温度坐标 (x,T) 都相当于稳定的平衡相。图 4-11 相图中所示的 L、α、β 等单相区均属于这类情况。

　　当 $p=2$ 时，$f=1$，两相区只能有一个独立变量。若温度改变，则两相的成分必随之而变，温度 T 与两相中任一相的成分 x 为简单函数关系 $T=f(x)$，在相图中呈现为一条曲线。两相区必须有一对分别代表两个平衡相的成分和温度的共轭曲线。图 4-11 中所示的 L+α、L+β、α+β 等两相区均属于这类情况。图 4-12 进一步示出二元系相图中两相区的一般结构形式。图中 α、β 和 γ 可以是任何类型的相，连接两条共轭线的等温线称为"连接线"，连接线通过的区域就是两相区，它的两个端点分别代表着同温度下两个平衡相的成分。

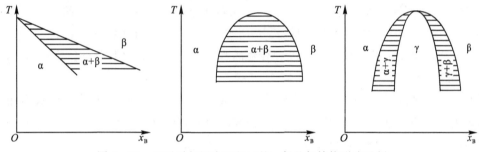

图 4-12　二元系相图中两相区的一般几何结构形式示例

　　当 $p=3$ 时，$f=0$，恒压二元系中三相平衡时，温度和每个相的成分都不变，其中任何一个参数的改变都会打破平衡，三相平衡在恒压二元相图中只能处于一条等温线上。这条线的两个端点及其中间的某一定点的横坐标分别表示三个平衡相的成分。图 4-13 是二元三相平衡的两种基本几何结构形式，其中 R、Q 和 V 分别代表不同的平衡相。

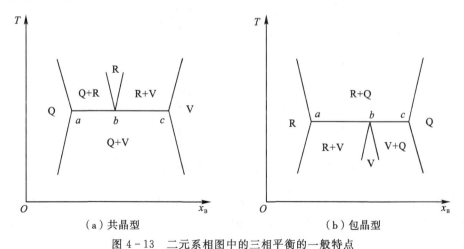

（a）共晶型　　　　　　　　　　　　（b）包晶型

图 4-13　二元系相图中的三相平衡的一般特点

　　如图 4-13(a)所示，二元三相反应的通式可写作

$$R \Longrightarrow Q+V \tag{4-32}$$

　　如图 4-13(b)所示，二元三相反应的通式可写作

$$R+Q \Longleftrightarrow V \qquad\qquad (4-33)$$

两个反应式的差异只在于三相线中间那个点所代表的单相区的位置，共晶型中该单相区在高温区，而包晶型中在低温区。

三相平衡的等温线必然与 3 个单相区各以一点相接触，即图 4-13 中的 a、b、c 三点。

当 $p>3$ 时，$f<0$，无物理意义，即恒压二元相图中，不会出现四相或四相以上的平衡。

2. 杠杆定律——二元系平衡相的定量法则

杠杆定律用于计算热力学平衡条件下一个相的质量在所有各相质量的总和中所占的比例。在二元系中，杠杆定律主要用于两相区，处于三相平衡状态时，三个相允许以任意比例相互平衡，无法运用杠杆定律。

如图 4-14 所示，在给定温度 T_1 下，二元系两个相处于平衡时，相的相对量随合金成分的变化而变化，但相的成分，即 a、b 两点对应的 α 相和 β 相的平衡成分 $(w_B)_a$ 和 $(w_B)_b$，并不随合金成分而变。当温度和合金的成分确定后，例如图中合金成分 $(w_B)_p$，合金中相的相对量亦随之确定。

如图 4-14 所示，合金中组元 B 的质量分数为 $(w_B)_p$，组元 A 的质量分数则相应为 $(1-(w_B)_p)$。α 和 β 两相区中组元 B 的质量分数分别为 $(w_B)_a$ 和 $(w_B)_b$，而组元 A 的质量分数分别为 $(1-(w_B)_a)$ 和 $(1-(w_B)_b)$。

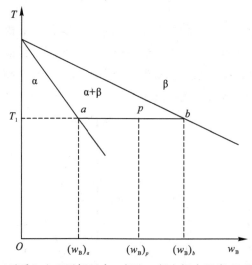

图 4-14　二元系($\alpha+\beta$)两相区中 α 相和 β 相之间在温度 T_1 下的平衡关系

设 α 相和 β 相的相对量(质量分数)分别为 w_α 和 w_β，则 $w_\alpha+w_\beta=1$。两相中同一组元含量之和必等于合金中相应组元的总量，可得：

组元 B：$\qquad\qquad w_\alpha(w_B)_a+w_\beta(w_B)_b=(w_B)_p$

组元 A：$\qquad\qquad w_\alpha(1-(w_B)_a)+w_\beta(1-(w_B)_b)=1-(w_B)_p$

将两方程式联立求解，并按图 5-10 中各线段 ab、pb、ap 之间的关系，即可获得以质量分数表示的 α 相和 β 相的相对量 w_α 和 w_β：

$$\begin{cases} w_\alpha = \dfrac{pb}{ab} \\[2mm] w_\beta = \dfrac{ap}{ab} \end{cases} \tag{4-34}$$

上述关系就称为杠杆定律。在二元相图中杠杆定律只能用于两相区。但图 4-13 中与三相恒温线部分重合或完全重合的线段 ab、bc、ac 分别作为与三相恒温线相邻接的 3 个两相区的终端连接线时，仍可运用杠杆定律计算该温度下处于两相平衡条件下的相的相对量。

4.3.2 二元相图实例

1. 匀晶型相图

在液相和固相均无限互溶的二元系，称为匀晶系。相图的二维空间被划分为液相区、固相区、液相-固相两相区，相区之间由液相线和固相线分开。

Cu-Ni 相图(见图 4-15)可作为匀晶型相图的典型代表。根据相律，其两相区中自由度 $f=1$，即温度和相的成分中仅有一个可以独立变化。过 B 点作液相线和固相线之间的等温连接线，由其 2 个端点可确定该温度下液相和固相的平衡成分，采用杠杆定律可以确定合金 C_0 中相的相对数量。若过 B 点作平行于相图温度轴的一条竖线，使合金 C_0 由液相单相区平衡冷却，当降温至与液相线相交时，即为合金 C_0 的平衡熔点温度。继续降温进入两相区，液相开始凝固。继续降温至固相线，凝固过程完成。平衡凝固所得的固相成分与原液相成分完全相同。但在非平衡冷却条件下，由于最初凝固的固相成分不同于原液相成分，而且在整个凝固过程中，液相和固相的成分一直在变化，若固态扩散不充分，则凝固的固相产物中会存在微观偏析，需经过高温扩散退火才能消除。

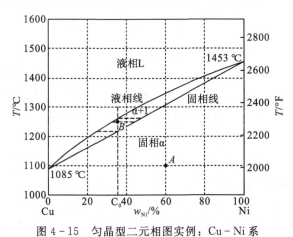

图 4-15 匀晶型二元相图实例：Cu-Ni 系

两个组元的性质比较相近(包括晶体结构相同这一必要条件)，则易形成连续固溶体。属于匀晶型二元系的还有 Cu-Pt、Au-Ni、Ag-Au、Bi-Sb、Cr-Mo、Ge-Si 等合金二元系，以及 Mg-FeO、MgO-NiO、NiO-CoO、CaO-MgO、Al_2O_3-Cr_2O_3 等氧化物二元系等。

2. 共晶型相图

简单共晶型二元系又称为简单低共熔二元系,其特点是两个组元在液态时能够以任意比例完全互溶,形成均匀的单相液体;在固态有限溶解,或者完全不互溶。如图 4 - 16 所示,Cu - Ag 系相图是液态完全互溶、在固态有限互溶的简单共晶型二元相图的实例。Pb - Sb、AgCl - CuCl、KNO_3 - $NaNO_3$ 等二元系属于此类。

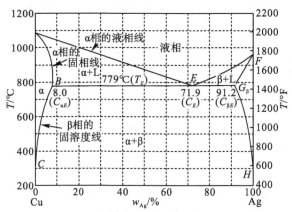

图 4 - 16　简单共晶型二元相图实例:Cu - Ag 系

(两个组元在固态可以有限溶解)

在两个组元固态有限互溶的简单共晶型二元相图中,液相线和固相线各变为 2 条,即 α 相和 β 相均有自己独立的液相线和固相线。另外,由于两个组元固态有限互溶且固溶度随温度的变化而变化,出现了 2 条固溶度线,B 组元在 α 相中的固溶度线 BC 和 A 组元在 β 相中的固溶度线 GH。

由图 4 - 16 可知,Cu - Ag 系相图中在 T_E 温度下出现了自由度为 0 的三相平衡,即共晶反应 L $\Longleftrightarrow$ α + β,α 和 β 两相一起从液相中结晶出来。相图中 BEG 线称为共晶线,E 点称共晶点,E 点对应的成分 C_E 和温度 T_E,分别称为共晶成分和共晶温度。其成分恰好为共晶成分的合金称为共晶合金,其成分位于 E 和 G 两点之间的称为过共晶合金。

共晶反应产物由成分为 $C_{\alpha E}$ 的共晶 α 相和成分为 $C_{\beta E}$ 的共晶 β 相按照特定比例和特定的空间分布形式组合而成,称为共晶组织或共晶体,在金相显微镜下可以看到其显著的共晶组织特征。亚共晶合金的显微组织,包括先共晶 α 相和由共晶 α 相和共晶 β 相组成的共晶体;过共晶合金组织则是由共晶体和先共晶 β 相组成。

位于点 B 以左或点 G 以右的合金不发生共晶反应,称为端际固溶体合金。其凝固组织分别由单一的 α 相或单一的 β 相组成,相图端际为由液相直接析出的一次固溶体相 α 或 β,继续冷却时则可能会发生固态相变,由 α 相中析出二次 β,β 相中析出二次 α。

对于系统中的两个组元液态完全互溶、固态完全不互溶的简单共晶型二元系,相图中没有固溶度线和端际固溶体单相区。发生共晶反应时,两个新生成的固相均只能以纯物质(纯组元)结晶出来。例如,Bi - Cd 二元系中的共晶反应 L $\Longleftrightarrow$ Bi + Cd。

图 4 - 17 给出了具有同成分熔化中间相和两个共晶反应的二元合金相图的一个实例 Mg - Pb 系。其中,Mg_2Pb 是一种成分固定不变的化学计量化合物,直至加热到熔化状

态，其化学组成与晶体结构均稳定不变。由于在熔化时平衡液相的组成与化合物的组成是一致的，故此类化合物称为同成分熔化化合物。在如图 4 - 17 所示的相图中，同成分熔化化合物 Mg_2Pb 将相图分成左右两部分，每一部分均有一个共晶反应，分别为 $L \Longleftrightarrow Mg_2Pb + \alpha$ 和 $L \Longleftrightarrow Mg_2Pb + \beta$。

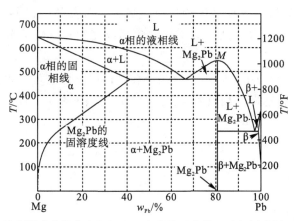

图 4 - 17 具有同成分熔化中间相和两个共晶反应的二元相图实例：Mg - Pb 系

二元相图中共晶型反应符合二元三相反应的通式，即

$$R \Longleftrightarrow Q + V$$

以 L 代表液相，α、β 和 γ 分别代表不同的固相（固溶体或中间相），根据它们之间的相互关系，在二元系中可由通式(4 - 32)表示的三相反应共有 4 种，即

共晶反应： $L \Longleftrightarrow \alpha + \beta$ (4 - 35)

共析反应： $\gamma \Longleftrightarrow \alpha + \beta$ (4 - 36)

偏晶反应： $L_1 \Longleftrightarrow L_2 + \beta$ (4 - 37)

熔晶反应： $\gamma \Longleftrightarrow L + \beta$ (4 - 38)

3. 同时具有共析与包晶反应的相图

图 4 - 18 示出了 Cu - Zn 系的局部相图，其中包含 1 个共析三相平衡 $\delta \Longleftrightarrow \gamma + \varepsilon$ 以及 2 个包晶三相平衡 $L + \delta \Longleftrightarrow \varepsilon$ 和 $L + \gamma \Longleftrightarrow \delta$。

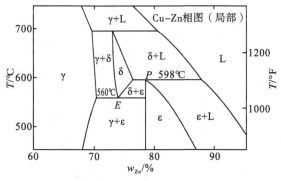

图 4 - 18 Cu - Zn 系的局部相图

二元共析反应是一种固溶体中同时生成两种其他晶体相的相变过程，是一种不涉及液相的固态相变。如图 4 - 18 所示的 Cu - Zn 相图，E 点为共析点，对应的共析温度和共析成分分别为 560℃ 和 w_{Zn} = 74%，w_{Cu} = 26%。根据相律，二元共析反应的自由度为 0，在反应过程中，反应温度、母相固溶体和 2 种晶体相生成物的化学成分均是固定不变的。

二元包晶反应是液相与一种晶体相反应生成另一种晶体相的相变过程。在图 4 - 18 中，包晶反应 L + δ $\rightleftharpoons$ ε 与包晶点 P 对应，包晶温度和包晶成分分别为 598℃ 和 w_{Zn} = 78.6%，w_{Cu} = 21.4%。

二元三相包晶平衡反应中，若 L 仍代表液相，而以其他字母代表任意固相(固溶体或各种化合物)，那么与包晶反应相同或相类似的反应有以下 3 种，即：

包晶反应：	L + α $\rightleftharpoons$ β	(4 - 39)
包析反应：	α + β $\rightleftharpoons$ γ	(4 - 40)
合晶反应：	L_1 + L_2 $\rightleftharpoons$ α	(4 - 41)

4.4　三元系相图

4.4.1　坐标系与吉布斯浓度三角形

由三个组元组成的系统称为三元系，相图要表示出温度、压力变量和两个独立成分变量。恒压下，三元系相平衡的自由度 f 与相数 p 的关系为 $f = 4 - p$，恒压三元系中最多可以有 4 个相平衡共存。

图 4 - 19(a)、(b)、(c)分别示出恒压条件下的三元系匀晶相图、有一个共晶型(L + α + β)三相区的三元相图和三元相图中应用最为广泛的吉布斯浓度三角形。

构筑三元系相图时，一般采用平面坐标法来表示化学成分，图 4 - 19(c)采用的是等边三角形法示出一个由 3 条二元成分轴围成的吉布斯浓度三角形(质量分数)，浓度三角形中的任一坐标点均对应一种特定三元合金的成分。

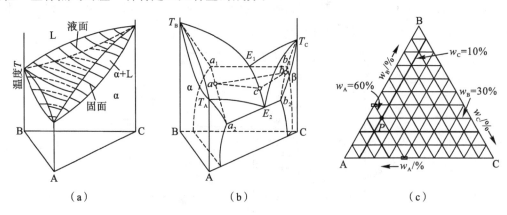

（a）　　　　　　　　　（b）　　　　　　　　　（c）

图 4 - 19　恒压三元相图及其吉布斯浓度三角形

4.4.2 单相区、两相区和三相区

如图 4-19(a) 所示的匀晶相图是由如图 4-19(c) 所示的等边浓度三角形作为其底面，在三个纯组元三角形顶点处竖起三条平行的温度轴，每个竖轴对应着一个纯组元的恒压单元系相图，从而围成的一个三棱柱状。该三棱柱的三个侧面分别对应着 A-B、A-C、B-C 恒压二元系相图。该相图的三维空间被分成三个相区，即三个组元在液态无限互溶形成的单相液体相区，在固态无限互溶形成的单相固溶体相区，以及由液相面和固相面围成的两相区。

单相区：在三元恒压相图中，自由度最大处位于单相区内，$f=3$，任意坐标点 (T, x_1, x_2) 都相当于可能的平衡相，不会因温度和成分等的变化而影响平衡的相数。

两相区：恒压条件下三元两相平衡的自由度为 $f=2$，两相区是一个有确定形状的三维空间，界限是依函数 $T=f(x_1, x_2)$ 而变化的两个共轭曲面。当温度选定时，仍有一个自由度，即相的成分仍有一个独立变量，两相可以分别沿着两个共轭面上的两条等温共轭曲线而变化。如图 4-19(a) 所示的匀晶相图中两相区的两个共轭面分别是液相面和固相面。

三相区：恒压条件下三元三相平衡的自由度为 $f=1$，表明在三元相图的三相区中，三个平衡相的化学成分可以随温度变化。如果选定温度，那么自由度便降为零，三个相的成分也确定下来。这时必须有三个等温的恒定点与三个平衡相的成分一一对应，这三个点会组成一个等温三角形，例如如图 4-19(b) 所示的三角形 abc。

习 题

1. 何为组元？何为相？何为相平衡？
2. 合金的结晶与纯金属的结晶的最主要的区别是什么？
3. 平衡结晶时，液、固相的成分如何变化？
4. 如何利用杠杆定律计算相的含量？
5. 匀晶反应、共晶反应和包晶反应有何异同？
6. 铋(熔点为 271.5 ℃)和锑(熔点为 630.7 ℃)在液态和固态时均能彼此无限互溶，$w_{Bi}=50\%$ 的合金在 520 ℃时开始结晶出成分为 $w_{Sb}=87\%$ 的固相，$w_{Bi}=80\%$ 的合金在 400 ℃时开始结晶出成分为 $w_{Sb}=64\%$ 的固相。根据上述条件：

(1)绘出 Bi-Sb 相图，并标出各线和各相区的名称。

(2)从相图上确定含锑量为 $w_{Sb}=40\%$ 合金的开始结晶和结晶终了温度，并求出它在 400 ℃时的平衡相成分及相对量。

第 5 章

铀材料

天然铀共含有三种同位素：^{234}U、^{235}U 和 ^{238}U，它们在铀中的百分比含量（即相对丰度）分别为 0.0057％（^{234}U）、0.7204％（^{235}U）、99.2739％（^{238}U）。自然界存在的易裂变核素只有 ^{235}U，它与可转换核素 ^{238}U 以混合物天然铀的形式存在于自然界。在核武器中，不对易裂变核素的链式反应进行控制，链式反应一旦发生，便迅猛激烈地扩展蔓延，在千万分之几秒的瞬间，释放出巨大的能量，造成强烈的爆炸。在反应堆中，链式反应受到控制，使核反应能平稳地进行，缓慢地释放能量，供人类利用。

5.1 铀的生产

5.1.1 铀矿的开采

铀矿开采是把工业品位的铀矿石从地下矿床中开采出来。由于铀矿有放射性，开采时要采用一系列辐射防护措施。

铀矿开采的方法有三种，即地下开采法、露天开采法和地浸开采法。地下开采亦称井下开采，是通过掘进联系地表与矿体的一系列井巷，从矿体中采出矿石；露天开采是按一定程序先剥离表土和覆盖岩石，使矿体出露，然后进行采矿；地浸开采法（又称原地浸出采矿法或化学采矿法）是把化学溶剂（浸出剂）通过钻孔直接注入地下矿体内，浸出矿石中的铀，再收集含铀浸出液，经过另外的钻孔提升到地面进行回收处理（见图 5 - 1）。

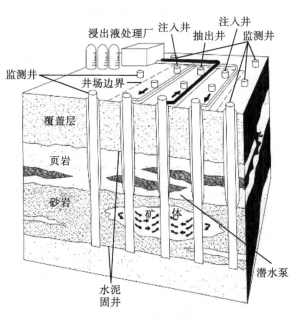

图 5 - 1　地浸工艺原理示意图

5.1.2 铀矿石的选矿

铀矿石在进行化学处理前一般要

经过物理选矿，选掉一部分废石，提高待处理铀矿石的平均品位，回收其他有用矿物和去除对化学处理有害的杂质。

目前采用的铀的物理选矿方法有放射性选矿、浮游选矿、重力选矿、选择性磨矿选矿、电磁选矿等，其中以放射性选矿使用较多。放射性选矿是根据矿块中铀的放射性强度将铀矿石和废石分开。

5.1.3 铀的提取

铀矿石的品位普遍较低，约为 0.1％。而最终产品要求金属铀的含铀量须在 99.9％以上。从矿石中提取天然铀进而得到金属铀一般分为三个阶段。

1. 铀矿石加工成为铀化学浓缩物

将开采出来的、具有工业品位或经过物理选矿的矿石加工浓集成含铀量较高的中间产品，该产品称为铀化学浓缩物（又称黄饼）。铀矿石加工过程多采用湿法化学处理，常称之为铀的水冶。铀的水冶可归纳为四个主要生产步骤。

①矿石准备。矿石经过破碎、磨细等工序的处理，使铀矿物充分暴露，选出满足一定粒度要求的矿石，以便于浸出。

②矿石浸出。在一定的工艺条件下，借助于一些化学溶剂或其他手段，将矿石中有价值的组分选择性地溶解出来。根据铀矿石性质的不同，有两种不同浸出方法：酸法和碱法。对于难浸出的矿石，为了提高浸出效果，常采用加温加压的方法。

③铀的提取。将浸出液中的铀与其他杂质分离，同时使铀得到部分浓集。提取的主要方法有离子交换法、溶剂萃取法等。

④沉淀出铀的化学浓缩物。将铀的淋洗液或反萃取液加热到适当温度，加入氨水或氢氧化钠溶液作为沉淀剂，并控制反应介质的酸碱度，形成重铀酸铵或重铀酸钠沉淀，经洗涤、压滤、干燥后，得到铀化学浓缩物（黄饼）。

2. 铀化学浓缩物精制成为核纯产品

铀化学浓缩物仍含有大量杂质，需要进一步提纯，并转化为易氢氟化的铀氧化物。纯化的方法一般采用萃取法、离子交换法、分步结晶法或者两种方法交替使用等。萃取法应用较多。萃取剂选用对浓硝酸稳定、铀容量高、选择性好的磷酸三丁酯（TBP）。为防止萃取过程中两相分离（分层），需加入煤油、乙烷等作为稀释剂。反萃取剂可用稀硫酸、稀硝酸等。

3. 还原为金属铀或转化为六氟化铀

进一步获得金属铀或用于铀同位素分离的六氟化铀，需要经过三个或四个工艺阶段。

①用氢气把六价的铀（如 U_3O_8、UO_3）还原为四价的铀（UO_2）。把氧化铀原料经过氢还原炉，用氢气在 $600\sim800$ ℃的高温下还原成为二氧化铀。反应式为

$$UO_3 + H_2 \longrightarrow UO_2 + H_2O \qquad (5-1)$$

②二氧化铀氢氟化为四氟化铀（UF_4）。此过程所用方法可分为湿法和干法，其中一种湿法是在溶液槽中用盐酸和氢氟酸把二氧化铀络合溶解形成水溶液，如下式：

$$UO_2 + 4HCl + HF \longrightarrow H(UCl_4F) + 2H_2O \qquad (5-2)$$

再在氟化槽中用氢氟酸氟化沉淀，得到四氟化铀浆液，如下式：

$$H(UCl_4F) + 3HF \longrightarrow UF_4 + 4HCl \qquad (5-3)$$

经过滤、洗涤、分离出含水 $10\% \sim 20\%$ 的四氟化铀滤饼，然后经干燥煅烧得到四氟化铀。

干法生产四氟化铀是在反应炉内用氟化氢气体把二氧化铀直接氟化为四氟化铀，如下式：

$$UO_2 + 4HF \longrightarrow UF_4 + 2H_2O \qquad (5-4)$$

③把四氟化铀还原为金属铀。选用高纯的金属钙或镁，在还原反应器（又称反应弹）中，利用反应中放出的大量热量来还原四氟化铀，得到金属铀锭。其反应式为

$$UF_4 + 2Ca \longrightarrow U + 2CaF_2 \qquad (5-5)$$

④用氟气把四氟化铀（UF_4）氟化为六氟化铀（UF_6）。用粉末状的四氟化铀在 300 ℃下与氟气反应，得到气态的六氟化铀。反应式为

$$UF_4(固) + F_2(气) \longrightarrow UF_6(气) \qquad (5-6)$$

六氟化铀的产率取决于温度、UF_4 的比表面积及氟的分压，H_2O、UO_2（U_3O_8）等杂质会降低产率。

5.1.4　铀同位素的分离

1. 铀同位素分离的意义

^{235}U 是三种易裂变核素（^{235}U、^{239}Pu、^{233}U）中唯一天然存在的，它在天然铀中的丰度为 0.7204%。轻水动力堆需使用低富集铀燃料，其中 ^{235}U 的丰度约为 $2\% \sim 5\%$。一些研究试验堆和快中子堆要求富集度较高的燃料。高通量的材料试验堆则需要富集到 90% 以上的高富集铀。

生产 1 t 富集度为 3% 的低富集铀，大约需要 5.5 t 天然铀原料，富集过程中剩下 4.5 t 贫化铀，其中 ^{235}U 丰度下降到 0.2% 左右。铀同位素分离工厂的生产能力通常用年产若干吨分离功（把一定量的铀富集到一定的 ^{235}U 丰度所需要投入的工作量，单位为 tSWU）来表示。

2. 铀同位素分离的方法

铀同位素分离就是把 ^{235}U 同 ^{238}U 分开，它们的化学性质相同，仅在质量上有微小的差别。利用因质量不同而引起的一些效应，如速度效应、电磁效应和离心效应等，使同位素分离。有三种具有工业应用价值的分离方法：①气体扩散法；②离心机法；③分离喷嘴法。图 5-2 表示三种分离方法的原理。目前正在加紧研究一项更具有发展前景的分离技术——激光分离法。

（1）气体扩散法

气体扩散法是最早实现工业应用的大规模生产方法。它的原理是基于两种不同分子量的气体混合物在热运动平衡时，两种分子具有相同的平均动能，而速度不同。较轻分子的

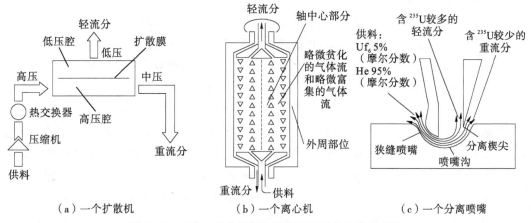

（a）一个扩散机　　　（b）一个离心机　　　（c）一个分离喷嘴

图 5-2　三种工业应用的铀同位素分离方法的示意图

平均速度大，较重分子的平均速度小，两种分子的平均速度与质量的关系如下：

$$\frac{v'}{v''} = \left(\frac{m''}{m'}\right)^{1/2} \qquad (5-7)$$

式中，v 为平均速度；m 为分子质量即分子量。

较轻分子同容器壁和隔膜（见图 5-3）碰撞的次数比较重分子多。隔膜含有容许分子通过的无数微孔，含^{235}U 和^{238}U 的六氟化铀气体分子就以不同的速率通过多孔膜而扩散。扩散膜中的微孔直径须小于气体分子运动的平均自由程（即分子运动中每两次碰撞之间的平均距离），确保气体流过微孔时，很少发生分子间的相互碰撞。

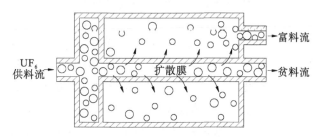

图 5-3　气体扩散分离法原理图

用气体扩散法分离同位素要求气体压力必须足够低，扩散膜的孔径必须足够小，且不会由于腐蚀而扩大。当六氟化铀气体流过扩散分离级时（见图 5-2(a)），一部分气体从分离器的高压腔通过扩散膜进入低压腔，在低压侧^{235}U 有微小的富集，在高压侧^{238}U 被略微富集，实现两种同位素的分离。

气体扩散法的分离效果通常用分离系数表示。分离系数是在单个扩散分离级前后，所需同位素(^{235}U)的相对丰度比。实际分离系数一般不超过 1.002，具体数值决定于设备的结构、扩散膜的特性、流量的大小、气流状况、运行条件等因素。

气体扩散法的缺点是分离系数太小，需要串联太多的分离级和消耗太多的电能。

（2）离心机法

在离心机中，较重的分子靠近外周富集，较轻的分子靠近轴线富集。从外周和中心分别引出气体流，就可以得到略微贫化与略微富集的两股流分，如图 5-2(b)所示。用加热或机械方法使两股气体在离心机中呈轴向的逆向流动，可加强分离效果。

离心机的同位素分离效果远超过扩散膜，特别适合重同位素的分离，为获得一定富集度所需串联的分离级数要比扩散法少得多。离心机分离法的优点：①电能消耗少，约为气体扩散法的 1/20；②经济规模较大，便于由小到大地逐步发展。

（3）分离喷嘴法

分离喷嘴法（见图 5-2(c)）的原理是用大量（约 95%）氢气或氦气同六氟化铀气体混合成为工作气流，使之通过狭缝喷嘴而膨胀，在膨胀过程中加速到超声速的气流顺着喷嘴沟的曲面壁弯转，像在离心机中一样，轻、重分子受到不同的离心力作用，较重分子靠近壁面富集，较轻分子远离壁面富集。利用喷嘴出口处的分离楔尖把气流分成含 ^{235}U 较少的重流分和含 ^{235}U 较多的轻流分，分别用泵抽出。掺混较轻的氢气是为了带动较重的六氟化铀分子以高速流动，可大大提高分离效果，氢气最后从混合气体中分离出来重复使用。

分离喷嘴法的单元分离效果不大，介于气体扩散法和离心机法之间，分离系数约为 1.015，同样须将大量的分离喷嘴串联起来成为级联。

分离喷嘴法的优点是级数较少，避免使用昂贵的扩散膜，投资也相应较低，但为了在各分离级之间压送气体，压缩机消耗的电能超过了气体扩散法，严重地影响了其经济性。

（4）激光分离法

对于铀同位素来说，激光分离法被认为是继气体扩散法和离心机法之后最有发展前途的一种分离技术。它的分离系数很大，经一次分离即可将天然铀富集到核电厂轻水堆所需的燃料丰度。

激光分离法是根据不同同位素原子（或由其组成的分子）在吸收光谱上的微小差别（称为同位素位移），用线宽极窄即单色性极好的激光，选择性地将某一种原子（或分子）激发到特定的激发态，再用物理或化学方法使之与未激发的原子（或分子）相分离。

激光线宽必须小于吸收光谱上的同位素位移，以保证激发与电离的高选择性。激光的高亮度（能量密度）和良好的方向性也有利于其实际应用。所采用的物理或化学方法，需根据激发态粒子与非激发态粒子在物理或化学性能上的差别，将激发的同位素从混合物中分离出来。

激光分离铀同位素方法中最成熟的是原子激光分离法，其基本过程是将染料激光器输出的激光束波长精确调谐到所选择的 ^{235}U 原子的共振吸收波长，以三色或四色合成的激光束照射低压高温（高于 2300 K）的铀原子蒸气束，使其中的 ^{235}U 原子共振吸收光子激发和电离，此时附加一电磁场，使 $^{235}U^+$ 发生偏转与中性的 ^{238}U 原子束分开，然后分别进行收集。这样经一次分离，产品 ^{235}U 丰度可达到 3.5% 以上，尾料的 ^{235}U 丰度在 0.2% 以下。

5.1.5 金属铀的制备

制备金属铀的方法可以归纳为以下四种：铀卤化物的热分解，铀氧化物的金属或非金属热还原，铀卤化物或氧化物的熔盐电解，铀卤化物的金属热还原。工业上普遍采用镁、钙等金属热还原四氟化铀制备金属铀。

1. 四氟化铀钙热还原制备金属铀

四氟化铀钙热还原制取致密的金属铀，其反应方程式如下：

$$UF_4 + 2Ca \longrightarrow U + 2CaF_2 \tag{5-8}$$

钙热还原 UF_4 在工业生产中主要采用敞开式和密闭式工艺。敞开式多采用石墨为衬里的还原竖炉，而密闭式多采用 CaF_2 衬里的密闭反应器。

2. 四氟化铀镁热还原制备金属铀

镁热还原四氟化铀的反应方程式如下：

$$UF_4 + 2Mg \longrightarrow U + 2MgF_2 \tag{5-9}$$

用镁还原 UF_4 的工艺过程，由于需要外加热和密闭，比敞开式的钙热还原要复杂。为了避免液态炉渣和金属对外壳的侵蚀和沾污，以及防止预热时炉料表面升温太快而提高着火反应后的保温作用，需要用耐火材料作为衬里，可采用电熔融的白云石（CaO、MgO）、石墨和返回的 MgF_2 渣等耐火材料作为衬里。

5.2　铀的物理性质

5.2.1　铀的晶体结构

铀原子核周围的电子云由 6 层电子组成，其电子分布情况如表 5-1 所示。在熔点以下纯金属铀具有三种同素异构体，分别称为 α 相、β 相和 γ 相，三相的相变温度如表 5-2 所示。

表 5-1　铀原子核的外层电子分布情况

能级（层）	次级（次层）	能级和次级上的电子数目	能级（层）	次数（次层）	能级和次级上的电子数目
K 层或第一层	1s	2}2		5s	2
L 层或第二层	2s 2p	2 6}8	O 层或第五层	5p 5d 5f	6 10 2 或 3}20 或 21
M 层或第三层	3s 3p 3d	2 6 10}18		6s	2
			P 层或第六层	6p 6d	6 2 或 1}9 或 10
N 层或第四层	4s 4p 4d 4f	2 6 10 14}32	Q 层或第七层	7s	2}2

表 5-2　金属铀的相变温度

相　变	温　度/℃		
	缓慢加热	缓慢冷却	平衡状态
α→β	666±2	658±5	662±3
β→γ	776±3	772±5	774±4
γ→液态	1132.3±0.8		

冷却速度对铀的相变温度影响极大，纯金属铀在室温时不可能保持其高温相，但增大冷却速度却可以引起相变温度显著下降。

1. α 相晶体结构

α-U 为底心斜方点阵。在室温(25 ℃)下，用 X 射线测量的密度为 19.07 g/cm³，其晶格常数为 $a_0=2.854\times10^{-8}$ cm、$b_0=5.865\times10^{-8}$ cm、$c_0=4.954\times10^{-8}$ cm，晶胞体积为 82.91×10^{-24} cm³，原子体积为 20.73×10^{-24} cm³。α-U 单位晶胞内包含 4 个原子，其排列坐标为

$$
\begin{array}{cccc}
1 & 0 & y & 1/4 \\
2 & 0 & -y & 3/4 \\
3 & 1/2 & 1/2+y & 1/4 \\
4 & 1/2 & 1/2-y & 3/4
\end{array}
$$

其中 $y=0.105\pm0.005$。

其晶体结构及"c"面和"a"面的原子排列如图 5-4 所示。

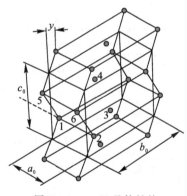

图 5-4　α-U 晶体结构

该结构的特征之一是每隔 $c/2$ 有一层原子，逐层原子交替沿 b 轴错动 $\pm2y$，得到 AB-ABAB…的堆积层次。由于这种层次的错动使(010)面成为一个折曲面，面上的折沟方向是[100]方向。当晶体沿(010)面滑移时，滑移方向是[100]方向。

α-U 的晶体结构和密排六方结构很相似，都是 ABABAB…的堆积层次，区别是它们的"c"面原子排列不同，层与层间的交互错动距离也不一样。"c"面的原子排列如图 5-5 所示。密排六方的原子是相接触的，而 α-U 的"c"面则是不接触的。前者排成等边三角形，

后者排成等腰三角形。前者 $b=1.74a$，后者 $b\approx2a$。前者的 $c/a=1.633$，而后者的轴比则需要用两个数值表示：

$$c/a_1=\frac{4.954}{2.854}=1.74 \qquad c/a_2=\frac{4.954}{3.261}=1.52$$

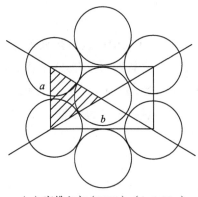 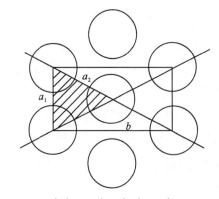

（a）密排六方（0001）（$b=1.73a$）　　　　（b）α-U（001）（$b\approx2a$）

图 5-5　密排六方和 α-U 的"c"面的原子排列

如图 5-4 所示的 α-U 的结构中，有几个比较相近的原子间距："c"面对角线上原子 1—3、2—3 等的间距为 3.26Å；原子 1—5、2—6 等的间距为 2.762Å；原子 1—2、5—6 等的间距（即 a_0）为 2.854Å；原子 1—4、2—4 等的间距为 3.32Å。

α-U 的配位数是 4，是指 2.762Å 和 2.854Å 大致相等的邻近原子，它们都处于同一 (010) 折曲面上。另一层相距 $b/2$ 的邻近 (010) 折曲面上的原子距离比较远（3.26Å 和 3.32Å）。从邻近原子的安排来看，一般认为 α-U 中的结合状态是一种混合键，U 的外层电子 $5f^3 6d^1 7s^2$ 中有四个电子（$5f^3 6d^1$）用来和 (010) 面上的邻近原子形成共价键，另两个电子（$7s^2$）则空出来供给金属键（见图 5-6）。根据这种观点，(010) 面内的原子以共价键结合，(010) 与邻近 (010) 间是金属键结合，正是这种共价键的存在，限制了 α-U 对合金元素的溶解度，并且对形变也带来了影响。

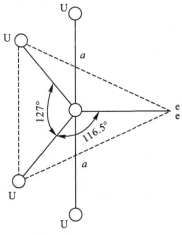

图 5-6　α-U 的结合状态

有人曾测定了 α-U 晶格内的中间"空隙"的大小和分布。发现存在两种类型的"空隙"：一种是由 4 个靠近的原子所形成的；另一种是由 5 个最靠近的原子所形成的。大的中间"空隙"的直径等于铀原子的半径；而较小的空隙约为原子直径的 2/5。这种空隙的大小对分析裂变时的损伤情况有重要意义，因为铀的裂变碎片就是占据在这些空隙位置内。

2. β 相晶体结构

β 相在金属铀的工业生产中是重要的，因为在 β 相温度范围内进行热处理能破坏在制造时发生的选择性取向。β-U 具有复杂的四方晶格。单位晶胞内含有 30 个原子，其晶格常数（700 ℃）为 $a_0 = b_0 = 10.754 \times 10^{-8}$ cm，$c_0 = 5.653 \times 10^{-8}$ cm。β-U 的晶胞体积为 653.7×10^{-24} cm³，原子体积为 21.79×10^{-24} cm³，用 X 射线测量的密度为 18.139 g/cm³。其晶体结构是由垂直于 [001] 方向的晶面层所组成的。

3. γ 相晶体结构

γ-U 具有简单的体心立方结构，在 805 ℃ 时其晶格特征为：晶格常数，$a_0 = 3.525 \times 10^{-8}$ cm；单位晶胞体积，43.76×10^{-24} cm³；单位晶胞原子数为 2；平均 1 个原子所占体积为 21.88×10^{-24} cm³；用 X 射线测量的密度为 18.062 g/cm³。

三种晶体结构的晶格常数、晶胞体积、原子体积随温度的变化如表 5-3 所示。α 相和 β 相的结构特征，使得 α-U 和 β-U 的物理特性及辐照性能表现出明显的各向异性。

表 5-3　X 射线法测定铀的晶格常数、体积、密度

相态	温度/℃	晶格常数/10^{-8} cm			晶胞体积/10^{-24} cm³	原子体积/10^{-24} cm³	密度/(g/cm³)
		a_0	b_0	c_0			
α	−150	2.841		4.939	82.32	20.58	19.210
	−50	2.848	5.864	4.948	82.66	20.66	19.130
	0	2.852	5.865	4.952	82.84	20.71	19.086
	25	2.854	5.865	4.954	82.91	20.73	19.070
	100	2.858	5.865	4.961	83.17	20.79	19.012
α	300	2.875	5.863	4.985	84.02	21.00	18.820
	600	2.911	5.840	5.040	85.67	21.42	18.455
	662	2.920	5.831	5.055	86.08	21.52	18.369
β	662	10.745		5.652	652.49	21.75	18.172
	700	10.754		5.653	653.70	21.79	18.139
	772	10.772		5.655	656.18	21.87	18.070
γ	772	3.521			44.065	22.03	17.941
	850	3.538			44.287	22.14	17.850
	950	3.545			44.580	22.29	17.734
	1100	3.557			45.012	22.51	17.565

5.2.2　铀的密度

铀的密度可以用下式计算得出：

$$\rho = \left[\frac{1}{a_0 b_0 c_0} \right] (Mn/N_0) \tag{5-10}$$

式中，a_0、b_0、c_0 为晶格常数，cm；M 为铀的原子量；n 为单位晶胞内的原子数；N_0 为阿伏加德罗常数。

铀的常态理论密度为 19.07 g/cm³。实际加工的金属铀密度受到杂质含量的影响，不同于理论密度，且因纯度的不同，密度也随之变动。铀密度在不同温度下也不相同，其变化规律如表 5-3 所示。通常 α-U 试验（即 X 射线分析法以外的其他试验方法）测得的密度值与用 X 射线分析法测得的密度值有差别，数据范围为 18.7～19.0 g/cm³。

5.2.3　铀的热膨胀性能

铀的三种同素异晶体中，α-U 和 β-U 的晶体特性是各向异性的，它们的热膨胀系数与晶体方向密切相关，可根据 X 射线的结构分析，利用晶格常数与温度的关系来测定；或者对单晶体的热膨胀进行测量。而体心立方结构的 γ-U 是各向同性的，其热膨胀系数可用热膨胀法研究多晶体试样来得到。铀的线膨胀系数和体膨胀系数列于表 5-4 中。

从表 5-4 可以看出，铀的体积热膨胀变化，从 25 ℃升温到熔点可达到 8.81%。β-U 在 a_0、b_0 方向的线膨胀系数大于 c_0 方向；α-U 不但 a_0 方向的线膨胀系数大于 c_0 方向，而且值得特别注意的是，b_0 方向的线膨胀系数是负值，即随着温度的升高，b_0 方向的线度反而缩短。由于随着温度的升高，a_0、c_0 变长，b_0 变短，使得 (010) 面的折曲度减小。金属铀在加工和辐照中出现的许多问题，都与 α 相和 β 相的各向异性以及相变时体积的改变有着密切关系。

表 5-4　铀的线膨胀系数 α_1 和体膨胀系数 α_V

相　态	温度范围/℃	$\alpha_1 / 10^{-6}\,℃^{-1}$			$\alpha_V / 10^{-6}\,℃^{-1}$
		a_0	b_0	c_0	
α	0～100	21.0	−0.3	18.2	38.8
	0～300	26.2	−1.3	22.2	47.1
	0～662	36.1	−8.73	31.3	58.8
β	662～700	22.0		4.7	48.7
	662～772	22.8		5.6	51.2
γ	772～900	21.9			65.8
	772～1100	21.7			65.2

5.2.4　铀的热力学性能

在同素异晶体转变温度处，铀的热容量发生突变。在 β-U 和 γ-U 的温度区域内，热容量保持定值。铀的三个相的焓值计算公式如下：

(1)α-U（298～935 K）

$$H_T-H_{298.16}=3.15T+4.22\times10^{-3}T^2-0.80\times10^5T^{-1}-1046(\pm0.2\%)$$

(2)β-U（935～1045 K）

$$H_T-H_{298.16}=10.38T-3525(\pm0.1\%)$$

(3)γ-U（1045～1300 K）

$$H_T-H_{298.16}=9.10T-1026(\pm0.1\%)$$

5.2.5　铀的导热性

导热性是金属铀的重要性能之一。反应堆中铀核燃料发生裂变反应时，要放出大量的热量，若其导热性能不好，核燃料的中心部位和外壁之间存在着较大的温差，产生的内应力可以造成在反应堆内的核燃料发生芯体肿胀、包壳管破裂等事故。

铀的导热性较差，其热导率比铁和铜都低，约相当于铁的 1/2、铜的 1/13。

在铀的导热性与温度的关系曲线上，有两个较明显的弯折。在 -213 ℃ 处一个，它与导热特性发生变化有关（由电子导热性过渡到晶格导热性）；另一个弯折在 227 ℃，它可能是由结合键发生改变而引起的。铀的制备工艺和热处理对其导热性的影响不大，但随金属中杂质含量的提高，其导热性也略有降低。

5.2.6　铀的电学和磁学性能

与其他金属相比，铀是电的不良导体。铀的导电性相当于铁的 1/8、铜的 1/17，并且与晶粒结晶晶体的方向，即与金属的制备工艺有关。在 α-U（97～293 K）的三个晶轴方向上测得的电阻率如表 5-5 所示，发现热膨胀最大的晶轴方向，其电阻率也最大，铀的电阻随温度的升高而增大，但在 α→β 和 β→γ 相转变温度时，电阻急剧下降。在温度低于 0.68 K 时铀具有超导性。

表 5-5　在室温（25 ℃）时 α-U 的电阻率及比电阻

晶轴方向	273 K 时的 $\rho/\mu\Omega\cdot cm$	$[\rho_{(4.2 K)}/\rho_{(273 K)}]\times10^{-2}$
[100]	39.4	3.39
[010]	25.5	4.26
[001]	26.2	4.45

铀是一种弱的顺磁性金属，α-U 的磁化率随温度升高而增大，在相变温度时磁化率发生突变；在 β-U 相区内，磁化率实际上没有变化；而在 γ-U 相区内其变化也不大。

5.2.7　铀的力学性能

1. 强度和塑性

铀单晶体拉伸变形时，在应力-应变曲线上存在以直线段表示的弹性变形区域，而多晶体铀没有明显的弹性变形区域。铀在 20～100 ℃范围内强度塑性都随温度的升高而增加，在 100～670 ℃的 α-U 中，强度随温度的升高而降低，塑性增加；继续加热到 β 相温度范围内(670～776 ℃)，强度增加而塑性减小；加热到 γ 相时(温度大于 776 ℃)，强度急剧减小而塑性增大。铀的力学性能在很大程度上取决于金属的成分和结构，特别是存在杂质、织构和晶粒度变化时，对性能的影响更明显。

2. 冲击韧性

冲击试验所用的试样的直径为 10～11 mm，长为 55 mm，并带有圆形梅氏凹槽。在摆锤式冲击试验机上进行实验，结果表明：在 α 相区冲击韧性随试验温度升高而增加；在 β 相区冲击韧性突然降低，出现最低值；随后进入 γ 相区后，在铀的塑性增加的同时，冲击韧性也大幅度增加。

3. 弹性模量

因为多晶体铀的应力-应变曲线上没有明显的弹性变形区，因此用拉伸试验不能精确地测出铀的标准弹性模量。通常测定铀的弹性模量是用测量声音在该金属中传播速度的方法。为了描述 α-U 晶格的弹性，需要 9 个弹性常数，如表 5-6 所示，这些数据是借助专门适用于研究小晶体用的超声波脉冲技术测得的。

表 5-6 在 25 ℃时 α-U 单晶的几个主要弹性常数

弹性常数/10^{-13} Pa	弹性模量/10^{-11} Pa^{-1}	弹性常数/10^{-13} Pa	弹性模量/10^{-11} Pa^{-1}
$C_{11}=2.1474\pm0.14\%$	$S_{11}=0.4907$	$C_{66}=0.7433\pm0.10\%$	$S_{66}=1.3453$
$C_{22}=1.9857\pm0.14\%$	$S_{22}=0.6743$	$C_{12}=0.4649\pm0.58\%$	$S_{12}=0.1194$
$C_{33}=2.6711\pm0.14\%$	$S_{33}=0.4798$	$C_{13}=0.2177\pm1.47\%$	$S_{13}=0.0082$
$C_{44}=1.2444\pm0.10\%$	$S_{44}=0.8036$	$C_{23}=1.0791\pm0.71\%$	$S_{23}=0.2627$
$C_{55}=0.7342\pm0.10\%$	$S_{55}=1.3620$		

4. 塑性变形

α 相的铀中存在的滑移系有{010}、{001}、{110}和{011}。其中，室温时唯一重要的滑移系统是(010)[100]，即滑移发生在(010)面和[100]方向。压缩形变时，(010)[100]滑移系统的临界分切应力为(3.332±0.196)MPa，这可以解释铀的较低的屈服极限值。孪生在铀中是比滑移系更为重要的塑性变形机理，铀在室温时的主要形变机制不是滑移而是孪生。而当温度高于 450 ℃后，孪生实际上是不存在的，此时孪生几乎全部被滑移所代替。

β 相铀是脆性的。关于 β 相是脆性的认识是由于在轧制方面的经验所形成的。当轧制温度由 α 相上部温度区过渡到 β 相区时，都产生了金属的破裂。在 600～650 ℃轧制时，在金属的局部由于变形能过热很容易达到 α→β 相转变温度。此外，在轧辊的热传导不良时，也会使金属温度提高，从而导致金属的破裂。β 相纯铀比其他相脆。

在温度高于 770 ℃时，γ 相具有体心立方晶格，在此温度下铀具有很好的塑性，γ 相铀具有体心立方金属特有的所有变形系。

5.3 铀的化学性质

铀是一种化学性质很活泼的金属,极易与环境中的气体、水分或其他化学介质发生化学或电化学作用,在很短的时间内就会使其失去金属光泽。铀表面的颜色逐渐发生变化,从新鲜表面的银白色,依次变为暗黄色、黄褐色、淡紫色、紫色、蓝紫色、蓝褐色、黑色,甚至膜开裂、掉粉。除膜开裂和掉粉外,一般只需要几天的时间就会完成上述的过程。

5.3.1 铀的化合物

铀易与所有的非金属起化学反应,对氧和卤素的亲和力大,能与氢、水蒸气、氮、碳和含碳气体等发生反应。

1. 铀的氧化物

氧在金属铀中的溶解度低,在熔点(1132 ℃)时为 0.05%(原子分数),2000 ℃时上升到 0.4%(原子分数),与金属铀成平衡的氧化物为 UO_2。在铀-氧体系中还存在其他热力学稳定的氧化物相,如 U_4O_9、U_3O_8 和 UO_3。

(1)二氧化铀(UO_2)

UO_2 具有面心立方结构,在 20 ℃时,其晶格常数 $a_0 = 0.5470$ nm;对铀原子而言,其晶胞是面心的,氧原子处于(1/4,1/4,1/4)位置上。晶胞中含有四个间隙空穴,处于(1/2,1/2,1/2)位置,与八个氧原子等距离。

当 UO_2 被氧化时,氧被吸取到间隙位置上,形成 UO_{2+x} 相。UO_2 晶胞随氧浓度的增高而收缩,相对密度从 $UO_{2.00}$ 的 10.952(UO_2 的理论密度)增加到 U_4O_9 的 11.21。与 1 个标准大气压的氧相接触的稳定氧化物,在 500 ℃以下为 UO_3,在 500 ℃以上为 U_3O_8。只有 UO_2 的颗粒非常小(约 10^{-8} m)时,才能被氧化成 UO_3,颗粒很细的 UO_2 易自燃生成 U_3O_8。用较高的温度或将少量水蒸气引入氢气中进行还原,均可使 UO_2 粉末稳定,在颗粒表面形成一层高氧化物保护层,阻止其进一步氧化。

UO_2 与氟化氢反应生成 UF_4。在 HBr、HCl、H_2SO_4 及 HNO_3 中溶解速率取决于其颗粒的大小及酸的浓度。在室温下,溶解速率都不快,但在热而强的氧化剂中,如 HNO_3 和 HF 的混合酸中溶解得很快。

UO_2 的导热性较差,随温度的升高,热导率下降。热导率随密度的增加而迅速升高,随氧铀比的增加而急剧下降。

UO_2 的制备通常采用重铀酸铵或硝酸铀酰,在约 450 ℃下煅烧成 UO_3,然后在 650~800 ℃下将 UO_3 还原成 UO_2。生产出的 UO_2 比表面积为 3~5 m^2/g,氧铀比为 2.05~2.12。

UO_2 可与许多其他金属氧化物,特别是与锆、钍、铌或稀土的氧化物,形成一系列固溶体。其中 UO_2-PuO_2 体系是反应堆的燃料,将这两种氧化物均匀混合,加热至 1500~1600 ℃长时间保温,可以制得连续均相固溶体。

(2)八氧化三铀(U_3O_8)

U_3O_8存在三种结晶变体，即 $\alpha - U_3O_8$、$\beta - U_3O_8$ 和 $\gamma - U_3O_8$。常见的稳定氧化物是$\alpha -$ U_3O_8，具有面心斜方结构。$\beta - U_3O_8$ 具有斜方结构，可在 1 个标准大气压环境下加热$\alpha -$ U_3O_8 到 1350 ℃，然后缓慢冷却至室温而制得。$\gamma - U_3O_8$ 具有六方晶格，只有在非常高的氧压(大于 1600 个标准大气压)与 200～300 ℃下才能制得。

当温度在 800 ℃以下时，$\alpha - U_3O_8$ 保持 U_3O_8 表示的组成，而当温度高于 800 ℃时，它失去氧而形成U_3O_{8-z}，式中 z 值取决于温度和氧分压。但 U_3O_{8-z} 在氧气中冷却时，吸取氧很快，直至达到 U_3O_8 表示的组成。

2. 铀的氢化物

铀的氢化反应过程分为以下几个物理步骤：吸附、解离、扩散、偏聚、超过饱和浓度发生相转变生成氢化物。环境中的氢分子在铀金属表面发生物理、化学吸附，并分解成氢原子，氢原子通过表面氧化膜向基体扩散，当铀基体中氢的浓度偏聚达到铀氢反应的临界浓度时发生反应形成氢化物 UH_3。

UH_3 的密度为 11 g/cm^3，远低于铀的密度($19 \ g/cm^3$)，当铀与氢发生反应时，常常伴有体积膨胀的发生，使得产生的氢化物进一步促使局部应力腐蚀的发生。另外，UH_3 极易被氧化而放出大量热，当其突然暴露在环境中时极易引起自燃。

铀的氢化物主要有两种晶体结构，即 $\alpha - UH_3$ 和 $\beta - UH_3$。$\alpha - UH_3$ 结构通常是在极低温度下与氢缓慢反应而生成的，通常情形下铀的氢化产物为 $\beta - UH_3$。

铀氢反应中的氢主要来源于三个方面：①早期金属加工阶段，如无机熔盐退火或是预热处理阶段；②后续机械加工阶段，使用切削液、冷却液、脱脂剂等引入氢，尤其是使用水基溶液所带来的氢；③材料使用阶段，接触含氢环境而与氢反应。通常情况下第一阶段最易引入氢蚀，除非通过快冷(380 K/s)而使氢处于过饱和状态，否则在冷却至室温状态时会析出氢化物。

3. 铀的氟化物

在铀-氟体系中，可形成的氟化物有 UF_3、UF_4、U_4F_{17}、U_2F_9、UF_5 和 UF_6。它们的挥发性从实际上不挥发的 UF_3 向挥发性很强的 UF_6 递增。六氟化铀(UF_6)是唯一稳定而易挥发的铀化合物，在用气体扩散法分离铀同位素的工艺中非常重要。

UF_6 具有斜方晶体结构，密度为 5.09 g/cm^3。在室温和常压下 UF_6 是固体粉末，当温度稍高或压力降低时，很容易升华成为气体，其蒸气压随温度的变化如表 5-7 所示。

UF_6 在一般条件下不与氧、氯或氮反应。与氢在 300 ℃以上才发生反应，但反应速率较慢。UF_6 与水剧烈反应，生成 UO_2F_2 和 HF，并释放出大量热。反应式如下：

$$UF_6 + 2H_2O \longrightarrow UO_2F_2 + 4HF \tag{5-11}$$

UF_6 与大多数有机化合物均起化学反应，化学腐蚀性强，大多数金属都能被腐蚀，毒性强。六氟化铀同水分及其他含氧物质接触时很容易生成氢氟酸和固体氧化铀。

UF_6 在氢气中加热被还原为 UF_4。HCl(在 250 ℃时)或 HBr(在 80 ℃时)较易将 UF_6 还原为 UF_4。

表 5-7　六氟化铀的蒸气压

温度/℃	压力/mmHg	温度/℃	压力/mmHg
−10	7.7(固体)	56.4(升华点)	760(固体)
0	17.6(固体)	60	920(固体)
10	40(固体)	64.02(三相点)	1137.5(固液体)
20	79(固体)	70	1350(液体)
25	112(固体)	80	1840(液体)
30	154(固体)	90	2400(液体)
40	295.5(固体)	100	3000(液体)
50	523(固体)		

注：1 mmHg≈133 Pa。

UF_6 蒸气在 0~100 ℃之间的热导率可用下式表示：

$$K=1.46(1+0.0042T)\times10^{-5} \tag{5-12}$$

式中，K 为热导率，$cal/cm \cdot s \cdot ℃$[①]；T 为温度，℃。

液态 UF_6 的密度在 65.1 ℃时为 3.667 g/cm^3，在三相点(64.02 ℃)为 3.674 g/cm^3。UF_6 具有顺磁性，但与温度无关。

4. 铀的碳化物

铀的碳化物具有独特的金属传导性，并且熔点和硬度都很高。目前发现的碳化物有三种，即 UC、UC_2 和 U_2C_3，其结晶学性质如表 5-8 所示。

表 5-8　碳化铀的性质

化合物	熔点/℃	晶体结构	密度/(g/cm³)
UC	2525	立立(NaCl 型)，$a_0=4.9605$Å	13.63
U_2C_3	>1800	体心立方，$a_0=8.088$Å	12.88
UC_2	约 2480	四方，$a_0=3.524$Å，$c_0=5.996$Å，>1800，立方(NaCl 型)，$a_0=5.488$Å	11.70

铀与烃类气体(如甲烷)反应，在 650 ℃时主要生成 UC；而在 950 ℃以上则主要生成 UC_2。制取 UC 较经济的方法是用 UO_2 与 C 反应：

$$UO_2+3C \longrightarrow UC+2CO \tag{5-13}$$

U_2C_3 可由 UC 和 UC_2 两相混合物加压介于 1300~1800 ℃反应制得。

---

① 1 cal≈4.186 J。

在低温(<150 ℃)和低的氧分压下，UC 氧化成 UC_{2+x} 和 C；在较高温度下部分碳被氧化；在 400 ℃ 左右碳则完全被氧化，反应式为

$$6UC+7O_2 \longrightarrow 2U_3O+6CO_2 \qquad (5-14)$$

UC_2 与氢在 11000 K，p_{CH_4}/p_{H_2} 大于 5×10^{-3} 时发生反应，反应式为

$$UC_2+2H_2 \longrightarrow UC+CH_4 \qquad (5-15)$$

UC 在 60 ℃ 以下时，生成保护层而不与水反应，但在 60 ℃ 以上则迅速反应，产物主要是 UO_2 和 CH_4，并混有许多较高烃类化合物，主要为 C_2H_6。

UC 具有金属性质，与许多难熔金属有一定的相容性。镍及其合金、铝和铍仅在低于 500 ℃ 时能与 UC 保持相容，而铁、铬和不锈钢则到 900 ℃ 也不与 UC 显著反应，当 UC 在高于 600 ℃ 并有金属铀存在时，不与这些金属相容。铌及其合金直到高温仍能与 UC 相容，在 1800 ℃ 时铌将 UC 还原成 U 和 NbC。

在 UC 中溶解锆、铌和钒等金属能增强力学性能并改善其耐腐蚀性能，同时可以消除 UC 中游离的铀或过量的碳。

致密 UC 的热导率在 300 ℃ 最低，高于此温度时具有很小的正温度系数，UC 的热导率约为 UO_2 的 5 倍，可在高温反应堆中应用。UC 的电阻率与金属导体相似，随温度的增加而增加。UC 的热膨胀系数为 $10.5\times10^{-5}/℃$。

5.3.2　水溶液中的铀离子

1. 铀离子的主要化学性质

水溶液中四种主要铀离子能与共存离子、分子发生水解和氧化还原反应，加之铀的 α、γ 辐照效应和各种离子的相互作用，使铀离子凝聚或生成多元配位化合物，表现出十分复杂的水溶液化学性质。在不同酸度的溶液中，铀离子的水解与多种因素有关。一般地讲，离子的半径小、电荷数大，其离子势就高，相应的水解能力就强。水溶液中铀离子水解顺序为 $U^{4+}>UO_2^{2+}>U^{3+}>UO_2^+$。$U^{3+}$ 和 UO_2^+ 都不稳定。

U^{4+} 的水解最容易，在 25 ℃，pH=2 的溶液中开始水解产生氢离子，溶液呈酸性，随着酸度降低，进一步聚合成多核离子 $U[(OH)_3U]_n^{n+4}$ 和聚合体 $[U(OH)_4]_x$，这些水解产物往往聚合成胶状物，而难溶于酸。U^{4+} 的氢氧化物在加入过量碱时被溶解。UO_2^{2+} 在水溶液中的状态因酸度而改变，pH>2.5 时，UO_2^{2+} 开始水解。影响 UO_2^{2+} 水解的主要因素是温度和 UO_2^{2+} 的浓度。在稀酸溶液中的水解，随着 UO_2^{2+} 浓度的增加，生成单聚体 UO_5^{2+} 和多聚体 $U_3O_8^{2+}$ 等。UO_2^{2+} 离子浓度与溶液 pH 值的关系如表 5-9 所示。

表 5-9　UO_2^{2+} 水解析出氢氧化物沉淀的 pH 值

$[UO_2^{2+}]/(mol/L)$	10^{-1}	10^{-2}	10^{-3}	10^{-4}	3×10^{-5}
开始析出时的 pH	4.47	5.27	5.90	6.62	6.80

在水溶液介质中，不同氧化态的铀离子能与氧化性离子或还原性离子发生氧化还原反应，改变铀离子的存在形态。UO_2^{2+} 离子在强电解质溶液中的氧化还原过程，可用下列离子反应表示：

$$UO_2^{2+} + e \longrightarrow UO_2^+ \tag{5-16}$$

$$UO_2^+ + 2H^+ + e \longrightarrow UO^{2+} + H_2O \tag{5-17}$$

$$UO^{2+} + 2e \longrightarrow UO \tag{5-18}$$

在还原条件下，UO_2^{2+} 生成 UO_2^+。UO_2^+ 在溶液中不稳定，发生歧化反应：

$$2UO_2^+ + H^+ \longrightarrow UO_2^{2+} + UOOH^+ \tag{5-19}$$

$$UO_2^+ + H^+ \longrightarrow UOOH^{2+} \tag{5-20}$$

$$UO_2^+ + UOOH^{2+} \longrightarrow UO_2^{2+} + UOOH^+ \tag{5-21}$$

$$UOOH^+ \longrightarrow U^{4+}（稳定离子） \tag{5-22}$$

在酸性铀酰溶液中，高价铀酰离子能被较活泼的金属或还原性离子还原，在负电位条件下铀离子会沉积为金属或氧化物，低价铀离子能被高价氧化性离子氧化，其中 U(Ⅵ) 与 Fe、Fe(Ⅱ)、Cr(Ⅵ) 等的反应是典型的氧化还原反应。其反应可以用离子方程式表示：

$$Fe + UO_2^{2+} \longrightarrow Fe^{2+} + UO_2 \tag{5-23}$$

$$U^{4+} + 2Fe^{3+} + 2H_2O \longrightarrow UO_2^{2+} + 2Fe^{2+} + 4H^+ \tag{5-24}$$

$$3U^{4+} + 2Cr^{6+} \longrightarrow 3U^{6+} + 2Cr^{3+} \tag{5-25}$$

2. 水溶液中铀离子的电沉积行为

水溶液中铀离子的电沉积受多种因素的影响，其中 pH 值、电流密度和电解体系是主要的影响因素，介质浓度、阴极材料、表面处理、温度、电极间距离、离子浓度和沉积面积对沉积膜的质量都有影响。

电流密度是离子放电的主要因素，决定了铀离子的沉积速率。在低离子浓度下，电流密度小，使铀离子沉积速率小。电流密度增大易引进其他沉积电位相近的离子而发生共沉积，同时导致阴极放电产生气体，使沉积膜疏松。溶液的 pH 值与铀离子的沉积速率有密切的关系，在不同的酸度体系中，铀离子的氧化还原电对的电位相差较大，影响铀离子的沉积速率。铀离子在水溶液中的多种氧化态决定了铀离子的电沉积机制十分复杂。铀元素的电负性很强，铀离子以水合离子形式存在，只有在特殊条件下才能形成金属形态的沉积物。

铀离子在水溶液体系中电沉积的微观过程可以分为三步：①在电场作用下，体系中的阳离子向阴极迁移；②阴极反应区中的去极化离子被还原，如 H^+ 离子放电，OH^- 离子浓度增高，铀离子形成水合氧化物；③铀水合物在阴极反应区被还原，形成沉积物。对不锈钢材料在铀酰溶液中的均匀腐蚀研究表明，在常压、90 ℃温度下，铀酰离子不会在不锈钢表面沉积，仅以离子形态吸附在不锈钢材料表面。在动电位极化下硝酸铀酰溶液中铀酰离子能在不锈钢电极表面得到氧化沉积膜，主要为 UO_2 和 U_3O_8。

3. 金属铀及其溶液的界面反应特性

界面上的物质组成和形态是决定界面性能的关键。金属铀与其他金属材料或非金属材料的界面行为，对铀冶金和铀废物处理都有重要影响。

高压条件下金属铀与铂、钯和石墨等的界面研究表明，对不同的金属表面，铀形成重叠层或相互扩散形成化合物，如与钯可以形成 UPd_4、UPd_5、U_2Pd_{11} 和 U_2Pd_{17} 合金，最终溶解于钯基体中。金属镁与金属铀不能互溶，而且比石墨与金属铀的界面扩散性能更差。金属铀与金属铝能发生较强烈的反应形成金属间化合物 UAl_2 等。

纯铁片与稀硝酸铀酰溶液中的铀酰离子反应在碳钢表面能生长出含结晶水的多孔氧化铀(Ⅵ)膜。在不同温度和真空条件下处理溶液中生长的氧化膜，可以得到四价和六价氧化态的铀膜，氧化物组成为 UO_2、U_3O_8、U_4O_9 等。

5.3.3　铀的腐蚀与防护

腐蚀是材料与周围介质接触在其表面产生破坏或变质状态。腐蚀介质可能是气体、水或水蒸气、化学介质等。腐蚀往往是化学和电化学的共同作用，化学腐蚀是金属与干燥介质或非电解质直接发生化学反应而产生的腐蚀，电化学腐蚀是金属与电解质发生电化学反应使材料产生变质和破坏的过程。

金属铀在化学上是一种很强的还原剂，因此铀很容易被氧化和腐蚀。金属铀有三种同素异形结构，铀的结构不同，其抗腐蚀效果亦有所不同。α-U 最不耐腐蚀，γ-U 相对耐腐蚀。铀材料的原始制作状态、金属成分、微观结构、杂质元素及其含量、环境因素(气氛及水汽的湿度和温度)以及表面状态(表面粗糙度)等对铀的腐蚀都会产生一定影响。在常温下，可认为环境气体与铀的反应是铀腐蚀的主要因素之一。

1. 铀的腐蚀行为

(1)铀在空气中的腐蚀

铀在空气中的腐蚀行为分为三步：①气体在铀表面吸附与铀原子反应形成初始氧化层；②气体在氧化铀表面解离形成氧离子或氢氧根离子，通过扩散作用由氧化层进入铀基体表面，进一步与铀反应生成新的氧化层，使氧化层变厚；③氧化层达到一定厚度后发生破裂，氧化速率加快，出现粉化现象。

室温下铀在相当短的时间内就被氧化，与 O_2 反应生成超化学计量比的 UO_{2+x}，x 值在 $0.2\sim0.4$ 之间变化。常温下铀与氧反应生成 UO_2，在高温下的反应产物主要为 U_3O_8。当温度在 $100\sim200\ ℃$ 的范围内时，既有 UO_2 存在又有 U_3O_8 存在。在低的氧压力下，氧化速度与氧压力成正比，反应速度受氧的离解作用控制。氧压力高于某一临界值，反应速度就与氧压力无关。这个临界压力随温度而变，在 $150\ ℃$ 时大约为 $3600\ Pa$，到 $200\ ℃$ 时为 $6666\ Pa$。

(2)铀在水中的腐蚀

铀在水中的腐蚀速率与铀的杂质成分和热处理有关。通常，在 $100\ ℃$ 时，铀的腐蚀速率约为 $2\sim5\ mg/(cm^2 \cdot h)$；高于 $100\ ℃$ 以上时，铀和水反应很激烈；在 $308\ ℃$ 水中，其腐蚀速率可高达 $6000\ mg/(cm^2 \cdot h)$。

铀还原水而生成氧化物(主要是 UO_2)，同时释放氢气。最初在铀的表面生成保护性

的 UO_2 薄层，铀的质量稍有增加。而后，生成的 UO_2 不断脱落，会出现一个几乎匀速失重的阶段。这个过程一直进行到因试样开裂或破碎而发生的所谓"非连续性破坏"为止。铀-水反应中析出的氢，对腐蚀具有重要的作用。反应生成的初态氢依靠扩散通过 UO_2 层与基体金属铀作用，在金属和氧化膜之间生成一层氢化物层，而使氧化膜不再有黏着性。

铀-水反应所析出的氢，对铀的腐蚀起着重要的作用。在低于 70 ℃的含氧水中，铀和水反应形成有黏附性的氧化物保护膜，反应式如下：

$$U+2H_2O \longrightarrow UO_2+4H \tag{5-26}$$

在高于 80 ℃的脱气或含氢水中，生成的初生态氢会扩散通过 UO_2 层，与机体金属铀作用，使其迅速腐蚀并形成松散的化合物。在金属和氧化膜之间生成氢化物 UH_3 伴随的体积膨胀，将使氧化膜凸起，从而丧失保护作用。随后 UH_3 和水反应生成的氧化物为非化学剂量的，不会形成保护层。

（3）铀在水汽中的腐蚀

水蒸气和铀的反应速率比干燥氧与铀反应速率更快，铀与水汽在无氧条件下的反应速率比铀与氧的反应速率大 2～3 个量级。铀与纯水汽在 50 ℃时的反应具有以下特征：①孕育期的变化范围为 0～850 h；②氢放出速度的差别达到 30 倍；③实际生成的氢比根据反应生成物 UO_2 的数量计算应生成的氢少；④形成富氧的氧化物；⑤产生少量甲烷（少于气态产物的 1%）。

铀与水汽的反应，OH^- 离子是扩散质，UH_3 是反应产物的一部分，可以与水进一步反应而生成氢和二氧化铀。由于氢化物形成氧化物只有很小的容积改变，UH_3 被黏附性的氧化物掩盖，某些 UH_3 被保留下来。水的蒸气压对反应速率和放气量有影响，反应生成的固态产物成分是 $UO_{2.06\pm002}$，并含有 2%～9% 的 UH_3。

（4）铀在氧与水汽混合气氛中的腐蚀

铀在氧与水汽的混合气氛中的反应比铀在单一气氛中的反应要复杂得多，氧对铀与水的反应有抑制作用，氧的存在使铀与水蒸气的反应速率减少到原来的 1/30～1/100，反应速率的降低与氧压力（从小于 0.1 cmHg(133.322 Pa) 到 100 cmHg(133 322 Pa)）以及相对湿度（5%～95%）无关。

应用同位素研究铀-水-氧体系（$U+H_2^{16}O+^{18}O_2$）的反应，结果表明氧消耗在两个阶段，首先氧与氢根反应生成再生水，之后把富氧的氧化物 $UO_{2.06}$ 氧化成 $UO_{2.30}$，前一阶段反应导致了氧的主要消耗。

在有氧的水汽环境中，通常是环境中的氧优先与铀反应，在铀表面形成 UO_2，而铀与水汽几乎不反应。只有当环境中的氧消耗完后，铀才会与水汽反应，并产生大量的氢。产生的氢一部分释放到环境中，另一部分则会扩散在氧化物和金属界面处与铀作用产生铀的氢化物。有氧环境中，铀表面腐蚀层较致密，腐蚀速率较小，而无氧环境中腐蚀速率较大，动力学研究也显示，潮湿环境中氧的存在会减缓铀的腐蚀速率。

2. 铀的腐蚀防护

(1)合金化抗腐蚀

在冶炼过程中，将抗腐蚀的合金化元素加入到铀中一起熔化，使之形成铀基合金。所加合金元素的量通常少于 10%。有的合金化元素（如 Nb）可以将抗腐蚀的 γ 相结构的铀稳定至常温，有的合金化元素可以起到细化晶粒的作用（如 Ti）。同时加两种合金化元素的某些铀合金，其抗腐蚀的效果会更好（如 Nb+Zr）。

(2)表面涂层保护

①电镀及电刷镀涂层。

利用氧化与还原反应的化学原理，在铀上化学镀非晶态 Ni-P 镀层，其干净表面上可沉积微米或毫米量级的保护层。对铀进行电刷镀保护涂层，抗腐蚀的效果也有一定的改善。镀层材料有 Ni、Cu 及其复合材料。

②铀上离子镀层。

离子镀膜技术具有附着力好、应用靶材广泛、工艺参数调节方便以及可操作性强等优点。磁控溅射离子镀的出现，为铀的腐蚀防护技术开辟了广阔的应用前景。磁控溅射离子镀是在较高的真空中利用荷能离子轰击靶材表面，使靶材近表面原子逃逸成为气态原子或离子，在飞向工件的行程中经工件负偏压加速后轰击工件表面成膜。其制备出的薄膜致密性高、纯度高、厚度可均匀控制、针孔少、膜与基体材料的结合强度高等。

③有机涂层。

有机涂层是将有机涂料涂刷于铀的表面，使其在短期内具有抗腐蚀的效果。有机涂层的方法简单，操作方便，但涂层与铀的结合力较差，有的有机物在长期存储后还可能产生有害物质对铀起不到防护的效果。腐蚀试验表明，有机涂层的防护效果一般都很差，其原因主要是有机涂层中含有水汽或含有与铀相容性不好的化学成分。

④热浸镀涂层。

热浸镀是将被镀金属材料浸入熔点较低的液态金属或合金，两者经过短暂的冶金化学反应，在基体金属与镀层金属之间形成合金层，热浸镀保护层是由合金层和镀层金属构成的复合镀层。用于热浸镀涂层的熔点金属有 Zn、Al、Sn、Pb 等金属以及它们之间的合金。

(3)化学反应保护层

金属铀与非金属元素和气体如氧、碳和一氧化碳等反应形成的薄膜对铀具有保护作用。铀表面高温氧化形成的 UO_2 膜在一定时间内具有抗腐蚀性能；一氧化碳与金属铀的反应能降低铀表面的化学活性，还原铀的高价氧化物，从而抑制金属铀的进一步氧化。

(4)离子注入技术

离子注入技术是在光洁的表面，用高能离子强力注入试样的表层，注入的离子通常仅在离表面几十至几百纳米的范围内。离子注入基本不影响基材的核能，不存在表面涂层因而基本不影响零部件的装配精度，注入量与基体不受固溶度限制。在铀表面注入氧和铝、铬和钼或这些元素的组合物，使铀表面抗腐蚀能力得到明显提升。

(5)激光表面工程技术

激光表面工程技术主要包括激光重熔、激光熔覆、激光表面合金化、非晶化、冲击处理、激光辅助镀层以及激光清洗技术等。在激光热源的作用下，基体与外加金属熔化结晶，形成冶金结合，使界面消失并形成密实的整体，合金层有一定厚度（大约为 0.2～0.4 mm），可以承受腐蚀介质较长时间的冲击和作用。

激光处理方法有下面一些特点：①合金化作用：Nb、Zr 等元素存在于铀中，可以减轻合金铀的晶格畸变，有利于保持 γ 相结构至室温，γ-U 比 α-U 在室温下更耐腐蚀。②相变作用：由于激光的快速凝固作用或合金化作用，使 U 与合金化元素在室温下能够保持着 γ 相和 α 相共存，γ 相的存在可使抗腐蚀效果明显增强。③组织细化作用：激光处理过程中可使冷却速度达到 $10^4 \sim 10^6$ ℃/s，形成快速凝固结晶，晶粒来不及长大，最终形成细小的显微组织，细小的组织比粗大的组织耐腐蚀。④氧化物对腐蚀的钝化作用：激光处理在非真空条件下进行，并且采用氩气保护，氩气保护条件下的氧含量要比低真空环境的氧含量高出很多倍，加之试验过程中还有带入的氧，氧在高温下与铀反应形成致密的氧化铀膜可以保护铀。⑤定向凝固作用：激光的定向凝固结晶，可能将一些相重新组合，改变了抗腐蚀效果。

5.4 铀的核性质

5.4.1 铀的同位素和放射特性

铀共有 14 种同位素，质量数 A＝227～240。其中同位素^{234}U、^{235}U、^{238}U 为天然同位素，以混合物形式构成天然铀，这三种同位素在天然铀中的相对丰度如表 5-10 所示。天然铀的相对原子质量为 238.029，原子序数为 92。

表 5-10 天然铀中同位素的相对丰度

同位素	相对丰度（原子分数）%
^{234}U	0.0057±0.0002
^{235}U	0.7204±0.0007
^{238}U	99.2739±0.0007

铀的常见同位素$^{235}_{92}$U、$^{238}_{92}$U 都是不稳定的，半衰期分别为 7 亿年和 45 亿年。比铀更重的元素（超铀元素），在地球上没有天然的同位素存在。另外 11 种铀的同位素为人工核素。这 14 种同位素都是放射性核素，这些核素的衰变方式、半衰期、射线能量等放射特性，以及人工核素的生成方式如表 5-11 所示。

表 5-11 铀同位素放射性特性及来源

同位素	衰变方式	半衰期	射线能量	来源或生成核反应
^{234}U （UⅡ）	α，SF①	α：2.44×10^5 a； SF：1.6×10^{16} a	4.77，4.72	天然
^{235}U （AcU）	α，SF	α：7.13×10^8 a； SF：1.8×10^{17} a	4.58，4.47， 4.40，4.20	天然
^{238}U （UⅠ）	α，SF	α：4.50×10^9 a； SF：$(1.01 \pm 0.03) \times 10^{16}$ a	4.02，4.135， 4.182	天然
^{227}U	α	1.1 min	6.8	$^{232}Th(\alpha, 9n)$
^{228}U	α（≥95%）， ε②（E.C）（≤5%）	9.1 min	6.69	$^{232}Th(\alpha, 8n)$
^{229}U	ε（E.C）（>80%）， α（20%）	58 min	6.42	$^{232}Th(\alpha, 7n)$
^{230}U	α	20.8 d	5.884，5.813，5.658	$^{231}Pa(d, 2n)$
^{231}U	ε（E.C）（>99%）， α（6×10^{-3}%）	4.2 d	5.45	$^{231}Pa(d, 2n)$
^{232}U	α，SF	α：72 a； SF：$(8 \pm 5.5) \times 10^{13}$ a	5.318，5.261， 5.314	$^{232}Th(\alpha, 4n)$
^{233}U	α，SF	α：1.58×10^5 a； SF：$(1.2 \pm 0.3) \times 10^{17}$ a	4.816，4.773，4.717， 4.655，4.582，4.489	^{233}Pa 衰变
^{236}U	α，SF	α：2.39×10^7 a； SF：2×10^{16} a	4.5	$^{235}U(n, \gamma)$
^{237}U	β^-	6.75 d	0.249，0.084	$^{238}U(d, p2n)$
^{239}U	β^-	23.5 min	1.21	$^{238}U(n, \gamma)$
^{240}U	β^-	14.1 h	0.36	$^{239}U(n, \gamma)$

注：①SF 为自发裂变衰变。自发裂变的半衰期各资料中多有不同，但各数据的量级都相同或相近，如^{238}U 的数据量级均在 10^{16}。在表中每种核素的半衰期，仅使用了一种数据。

②ε 或 E.C 为轨道电子俘获衰变。

天然同位素^{238}U（UⅠ）和^{235}U（AcU）作为始祖核素（起始核素）分别形成两个连续衰变的放射系。^{235}U 放射系称为锕系或锕铀系，其各代核素的质量符合"$4n+3$"的规律（n 为正整数，n 在 51～58 之间），因而又称为（$4n+3$）系；^{238}U 放射系称为铀系或铀镭系，其各代核素的质量数符合"$4n+2$"的规律（n 在 51～59 之间），又称为（$4n+2$）系，天然同位素^{234}U（UⅡ）为^{238}U 衰变的子代产物，是铀系的第三代子核。这两个放射系，经过若干代衰变后的最终产物都是铅的稳定同位素^{207}Pb 和^{206}Pb，中间产物都有一个气体核素氡的同位素^{222}Rn 和^{219}Rn。两个放射系如图 5-7 和图 5-8 所示。人工同位素^{233}U 是人工放射系镎系的第二代子核，由^{233}Pa 衰变而来，镎系如图 5-9 所示。

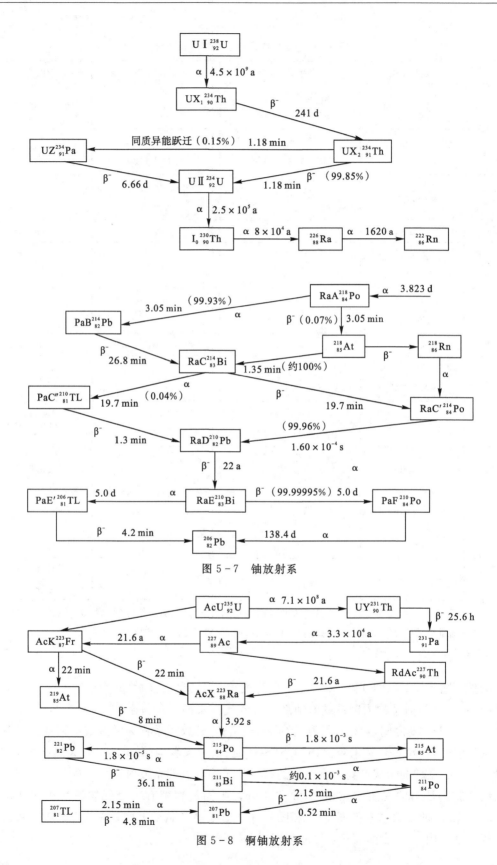

图 5-7 铀放射系

图 5-8 锕铀放射系

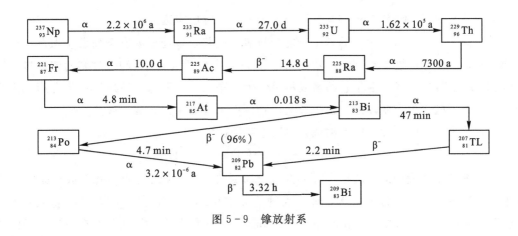

图 5-9　镎放射系

5.4.2　铀的中子核反应特性

中子不带电，容易同原子核发生核反应。核反应的类型随不同的核素而异，而且与入射中子的能量有很大关系。把某种核反应的概率用核截面 σ 来表示，单位是靶(bam，b)，$1\ b=10^{-24}\ cm^2$。最重要的核反应有散射、俘获、裂变等，其中俘获和裂变均属于吸收，辐射俘获(n，γ)反应的发生概率用的 σ_γ 表示，裂变(n，f)反应的发生概率用的 σ_f 表示。吸收截面 $\sigma_a=\sigma_f+\sigma_\gamma$。

任何能量的中子都能引起易裂变核素的裂变，但裂变截面随中子能量的变化而变化很大。以 ^{235}U、^{238}U 为例，在中子能量大于 0.1 MeV(快中子)的高能区，σ_f 只有 1~2 b；而在中子能量小于 0.1 MeV(慢中子)的热能区，σ_f 可达到 400 b 以上。^{235}U 是唯一天然存在的易裂变核素，是最重要的裂变核燃料，^{235}U 的热中子裂变截面特别大，在热中子反应堆中裂变反应基本都发生在中子慢化下来后的热能区。^{238}U 只能在中子能量高于大约1 MeV 时才发生核裂变反应，当中子能量较低时，不发生裂变而发生辐射俘获。在大约5~200 MeV 的中能区内，辐射俘获截面会达到高于正常值几百倍的数值，发生共振俘获。^{238}U 是可转换核素，对慢中子的俘获截面 $\sigma_\gamma=2.8\ b$，在慢中子辐照下产生的辐射俘获产物 ^{239}U 经过两次 β 衰变后生成易裂变核素 ^{239}Pu，如下式所示：

$$^{238}_{92}U+^{1}_{0}n\xrightarrow{2.8\ b}{}^{239}_{92}U\xrightarrow{\beta^-}{}^{239}_{93}Np\xrightarrow{\beta^-}{}^{239}_{94}Pu \tag{5-27}$$

^{234}U 俘获一个中子转化为 ^{235}U，也能起可转换核素的作用，但由于在天然铀中含量极微，无实际意义。在人工同位素中，最为重要的是 ^{233}U，^{233}U 是作为核燃料的三种易裂变核素之一，实际生产中用中子辐照产生的辐射俘获产物 ^{233}Th 经过两次 β 衰变后生成易裂变核素 ^{233}U，如下式所示：

$$^{232}_{90}Th+^{1}_{0}n\xrightarrow{7.8\ b}{}^{233}_{90}Th\xrightarrow{\beta^-}{}^{233}_{91}Pa\xrightarrow{\beta^-}{}^{233}_{92}U \tag{5-28}$$

^{235}U 除了发生裂变外，还具有中子俘获截面，在俘获中子后要发生一系列核反应，先后生成不同寿命的 ^{236}U、^{237}U、^{237}Np 等核素。同样，^{238}U 在中子辐照下，除了生成 ^{239}U、^{239}Np 及易裂变核素 ^{239}Pu 外，还要生成超铀核素 ^{240}Pu、^{241}Pu、^{242}Pu、^{243}Pu、^{241}Am、^{243}Am 等。在这些核素中，^{241}Pu 是易裂变核素，对慢中子有很大的裂变截面，$\sigma_f=1009\ b$，裂变时释放出

的平均中子数 $\nu=3.06$。^{241}Am、^{243}Am 对快中子链式反应也能达到临界。

^{235}U 原子核吸收一个中子后，由于能量过剩，使复合核处于激发态而发生振荡。振荡的结果使它由椭球形恢复到球形，然后通过放出 γ 射线（瞬发 γ 射线）把过剩的能量释放出去（辐射俘获反应）；或是由于它的激发能足够大而进入哑铃形态，然后进一步分裂成为两个独立的原子核称为裂变碎片或初级裂变产物。由于静电斥力，两块碎片将向相反方向飞开，同时放出几个中子和一些 γ 射线。^{235}U 裂变反应通式如下：

$$^{235}_{92}U + ^{1}_{0}n \longrightarrow ^{A1}_{Z1}F1 + ^{A2}_{Z2}F2 + \gamma ^{1}_{0}n + 能量 \qquad (5-29)$$

^{235}U 核裂变过程中放出的中子，99% 以上都是在 10^{-14} s 的裂变瞬间释放出来的瞬发快中子，其平均能量约为 2 MeV，速度大约为 20000 km/s；另有 0.65% 是随着裂变碎片衰变而放射出来的瞬发中子。由于复合核的分裂方式多种多样，每次分裂释放出中子的数目为 1～7 个。但对于大量的核反应，在一定的入射中子能量下产生的平均中子数 ν 却是一定的。对于热中子引起的 ^{235}U 裂变情况，$\nu=2.42$。每次 ^{235}U 核裂变释放的总能量大约是 200 MeV，反应过程中伴随释放出 β 粒子、γ 射线和中微子 $\bar{\gamma}$，其分布如表 5-12 所示。

表 5-12 ^{235}U 核裂变释放的能量

能量形式	能量/MeV	能量形式	能量/MeV
裂变碎块的动能	168.8	裂变产物放出的缓发 γ 射线	7
瞬发 γ 射线能量	7.2	不可利用的中微子 $\bar{\gamma}$ 能量	12
裂变中子的动量	5	裂变释放的总能量	208
裂变产物放出的缓发 β 粒子	8		

^{233}U 的热中子裂变方式在 40 种以上，生成的初级裂变产物（裂变碎片）在 80 种以上，其质量数 A 的范围从 72（相当于 Z=30 的锌）到 161（相当于 Z=66 的镝），可分为质量较轻的和质量较重的两组，较轻一组的质量数为 A=72～117，较重一组的质量数为 A=119～161。生成率最大的碎块核是质量数为 95 和 139 的核素，碎裂成质量数正好相等的两块的概率很小，约为 0.01%。大多数裂变产物要发生连续衰变，产生 300 多种放射性同位素和稳定同位素，大多数半衰期很短。裂变产物主要由 ^{137}Cs、^{3}H、^{95}Nb、^{147}Pm、^{90}Sr、^{99}Tc 等长寿命核素和一些稳定核素构成。

易裂变核素产生的大部分裂变产物除了 β 粒子外，还放出 γ 射线（属于缓发），少数有足够激发能的裂变碎片如溴-87 和碘-137，在 β 衰变过程中还放出中子。一些热中子俘获截面很大的裂变核如氙-135 和钐-149（通称中子毒物）的积累，影响反应堆停堆后的重新启动，引起功率分布的空振荡。有些半衰期较长和放射性很强的裂变产物，将给辐照后卸出的乏燃料的储存、运输、处理和最终处置带来一系列特殊的困难和问题。

5.4.3 铀的辐照行为

中子和其他具有不同能量的粒子，会引起铀制件在形状、尺寸以及物理、力学性能等方面发生变化。

1. 铀在辐照作用下的生长和皱折现象

对于单晶体以及特定织构的铀，即使没有来自外部的应力作用，在辐照下也会产生几乎不随体积变化的变形。

（1）辐照对铀的单晶体的作用

铀单晶体在辐照作用下几何尺寸的变化，在不同的结晶学方向上有所不同，如表 5-13 所示。

表 5-13　铀单晶体在辐照作用下各主要结晶学方向上的生长

结晶学方向	辐照生长系数 G_1	25～125℃范围内的热膨胀系数/10^{-6}℃$^{-1}$
[100]	-420 ± 20	21.7
[010]	$+420\pm20$	-1.5
[001]	0 ± 20	23.2

铀制件在辐照下形状变化的主要原因是铀单晶体的辐照生长现象。这就是铀单晶体在辐照作用下沿着结晶学方向[010]（b_0）增长，沿[100]（a_0）方向缩短，在[001]（c_0）方向晶体的尺寸保持不变。

铀单晶体在辐照作用下的生长速率取决于其晶体的完善度，在辐照作用下铀的生长过程中亚晶粒边界起着重大作用。伪单晶体在[010]方向的生长速率至少要比所谓完善的单晶体大 1 倍。

（2）辐照对无择优取向的多晶体的作用

对于铀的多晶体，晶体的排列是无序的，在辐照作用下，制件的表面状态和形状也发生变化：①如果晶粒度和燃耗较小，则制件表面变得粗糙，产生"橘皮"效应；②如果晶粒和燃耗率大，则表面的不平整性增大，并且其上出现交错的沟纹和凸突。这种表面状态的变化称为"皱折度"。此外，在上述条件下，制件的形状也发生变化——贴近表面层的粗大晶粒出现一个一个的凸突。在无织构的多晶体中，这种形状变化并没有确定的方向性，而是紊乱的。

铀制件表面不平整程度（皱折度）与铀的晶粒大小有关，晶粒越粗大，表面皱折度越大，这时甚至是位于表面下深处的粗大晶粒也对表面皱折度有影响。多晶体物质的表面皱折度是在辐照作用下单个晶粒发生生长而引起的。

表面皱折度与辐照时的温度有关。在 150～200 ℃表面皱折度为最大，在温度超过350 ℃时，表面皱折度急剧减小。

（3）辐照对具有择优取向的多晶体铀的作用

在有织构的多晶体铀制件中，在辐照作用下发生几何尺寸的定向性变化。例如，在 α相温度范围内（但不超过 600 ℃）轧制的铀棒在辐照作用下其长度显著增加而直径减小，发生定向生长时，金属表面通常是保持平整的，有时也会形成纵向沟纹。

在300 ℃轧制过程中，铀的辐照生长系数随着压缩率的增加而增大，随着晶粒度减小，辐照生长系数增加得不显著，当轧制温度增高时，辐照生长系数减小，最后在 640 ℃

附近变为负值。

α相区高温再结晶对于织构[010]的特性不会有重大影响。但再结晶的金属与形变后经热处理的金属相比，其辐照生长系数要小些。

如果把在300℃下轧制的铀再一次在β相范围内加热，使其成为无序取向的β相铀，然后急速冷却再次成为α相铀，虽然每个晶格的各向异性没有变化，但是由于成为无序取向的α相铀，所以作为多晶体整体来说，各向异性减弱了。随着燃耗的加深，铀的伸长率显著地减小了，这种处理叫做β处理，也称β淬火。

(4)肿胀

所谓肿胀(或气体膨胀)，就是当温度高于400℃时，铀及其合金制件在其气体裂变产物(氙、氪)作用下发生剧烈膨胀的现象，铀的一般生长速率在200℃时达到最大；继续升高温度时则减慢；在400～500℃时变为零。所以，在400～500℃时并不存在由生长而引起的膨胀现象。肿胀现象通常是与高于350～400℃的温度联系着的。上述两种现象也可能彼此重叠。

肿胀的产生是由于铀中不断形成气体裂变产物——氙和氪，因而产生空腔。在500℃以下，伴随气体膨胀形成许多大小几乎一致的细微气孔。温度超过500℃，气孔大小则非常不一致。气体膨胀的程度取决于燃耗率和辐照温度。体积的增长幅度也可能很大，如燃耗率为1%时，体积变化范围为10%及以上。

2. 铀在辐照作用下物理及力学性能的变化

在辐照作用下，铀的热导率及电导率会发生变化。热导率的变化表明低温辐照时，辐照效应更显著。在300～450℃下辐照的铀，当燃耗在100 MW·d/t以下时，热导率约下降7%，300 MW·d/t时，下降9%～10%。但是，当辐照温度为200～300℃时，燃耗为1000～2000 MW·d/t，热导率约减小15%。电导率从更低的燃耗起就开始受到影响：受2 MW·d/t的辐照后，减小1%；受1000 MW·d/t辐照后，约减小4%。电导率减小的样品的退火试验表明，由于存在着各种恢复过程，其激活能也各不相同，所以恢复过程是很复杂的。

在辐照作用下，铀的蠕变显著加速，比堆外试验的情况大50～100倍，这种加速是基于铀的各向异性晶粒长大的事实。铀在辐照作用下，其强度极限降低且密度减小3%～4%，这是由于在辐照作用下形成了很多裂纹的缘故。随着延伸率的下降，其屈服强度升高。即使经过3～7 MW·d/t这样低的辐照，发现屈服强度大约增加1倍，延伸率大约减少60%。

中子辐照对铀的显微组织有很大的影响，在辐照作用下生成大量具有明显波纹状轮廓的孪晶。辐照前已有的孪晶，经辐照后其宽度稍微增大。在200℃以下辐照时发现，即使是5 MW·d/t的燃耗，铀的金相组织中也会产生孪晶。随着燃耗率增大，孪晶变宽，并且交叉的孪晶会产生晶粒的转动，也可以看到晶粒内有微小的裂纹。如果燃耗深度达到1000 MW·d/t左右，孪晶更加显著，并且发生孪晶弯曲，此时生成的晶界很难分辨清楚，在试样断口上发现有脆性断裂的痕迹。

5.5　铀合金

纯铀存在诸多不利于工程应用的因素，如屈服强度偏低，α铀抗腐蚀性能差，γ铀难以通过热处理的手段保持到室温等，使得铀的应用受到了限制。为了更好地利用铀的优良特性，改善其不利于应用的方面，最常用和最有效的方法就是在金属铀中添加一定量的某种合金元素进行合金化，并采用热处理的手段，将高温相部分地甚至全部稳定到室温，或者形成介稳过渡相，再应用适当的后续热处理调整合金的相结构和相组分，从而改善金属铀的综合力学性能和抗腐蚀能力。

铀合金主要有两类：①具有α相组织的合金。少量的合金元素有助于使β相和γ相的分解动力学产生变化，获得无织构并具有细晶粒的组织，如 U-0.1Cr、U-(0.5~2.0)Mo、U-2.0Zr 等。②具有γ相组织的合金。加入足够量的可以部分或完全稳定立方晶格γ相的合金元素，目的是完全消除由于α铀所引起的不稳定性。如 U-Nb、U-Zr、U-Mo 二元系合金及 U-Nb-Zr 三元合金。

5.5.1　常见的铀合金

1. 铀-钼合金

含有亚稳γ相的 U-Mo 合金既保证了较高的铀密度，又具备较好的抗辐照稳定性，且易于进行后处理。

(1)组织结构和相变行为

铀-钼合金的相变行为十分复杂，在不同的热处理工艺下可以形成多种组织结构，使得铀-钼合金结构的可调节性非常强，可以获得各种不同性能的合金。钼与α铀、β铀和γ铀形成的固溶体相应地用α、β和γ表示。在 U-Mo 系合金中有一个金属间化合物 U_2Mo（γ'相）。

γ固溶体占有很宽广的温度和浓度范围。当温度为 1285 ℃时，钼在γ相铀中的最大溶解度约为 40%（原子数分数），当温度降低到 605 ℃时，溶解度降低到 37%（原子数分数）。635 ℃时钼在β相中的最大溶解度约为 3%（原子数分数）。在α相中只能溶解一定数量（2.4%（原子数分数）以下）的钼。铀在钼中的溶解度是极有限的，在 1285 ℃时为 2.05%（原子数分数）。β→α+γ 的共析转变点位于 635 ℃和含钼 3%（原子数分数）处。从 3%~6%（原子数分数）是β+γ相区。当含钼超过 6%（原子数分数）时产生 γ→α+γ→α+γ' 的转变。γ→α+γ'共析点位于 560 ℃和含钼 21.6%（原子数分数）处。U-Mo 系合金有形成具有各种稳定程度的亚稳定相的倾向，当改变钼的含量和热处理规范时，有可能在宽的范围内改变相的组成。

(2)力学性能

在所有试验温度下（700 ℃除外，此时铀为β相），含钼 2%~10%（原子数分数）的铀合金的极限强度和屈服强度都高于铀的强度约 1~4 倍。尤其是多相合金（特别是 U-2Mo 左右的合金）因沉淀强化的缘故，具有很高的强度特性，使得铀-钼合金可用于贫铀穿甲弹头。对于铀-钼合金的力学性能的研究表明，在 γ 相温度范围内，含钼 2%～8%（原子数分数）的合金的塑性有显著提高，减轻了热加工的困难，对于制备来说是个很好的优点。此外，铀-钼合金有很高的蠕变阻力，具有很好的抗气体肿胀性能，这对用作核燃料元件来说是个优势。

（3）热物理性能

某些 γ 相铀-钼合金在高温下的导热性能高于铀金属，能够满足作为金属型核燃料的要求。在铀-钼合金铝基弥散燃料中，铀-钼合金和铝扩散反应生成金属间化合物，这种物质导热性较差，会引发热传导不良的问题。

在热循环处理时，铀-钼合金的尺寸稳定性与其结构和力学性能有关。随着钼含量的增加，各向同性的 γ 相逐渐变得稳定，高的强度特性提高了循环过程中应力作用下的变形阻力。因此，与金属铀相比，铀-钼合金在高温下热循环的尺寸稳定性更好。粉末冶金法制得的含钼 3%～4%（原子数分数）的铀-钼合金在温度为 750 ℃时经 500 次循环，直径和高度变化不超过 0.19% 和 0.3%，试样表面仍保持光滑，说明具有很高的尺寸稳定性。含钼量较少时，尺寸稳定性略差。

2. 铀-铌合金

Nb 是少数几种能够在 γ 铀中完全固溶、同为 bcc 结构且不会形成中间化合物的元素，中等 Nb 含量（4%～6%（质量分数））的铀-铌合金在保持较高密度的基础上，具有相对更好的室温抗腐蚀能力和综合力学性能，成为受到广泛关注和应用的特殊材料。

（1）平衡相变

在 α、β 铀中，Nb 元素只有有限的可溶性，两元素间不形成金属间化合物，富铀相区平衡相变的室温相组成均为 $\alpha + \gamma_2$。在平衡凝固过程中，在 647 ℃ 发生偏共析反应：$\gamma_{1(bcc)} \longrightarrow \gamma_{2(bcc)} + \alpha_{(正交)}$。平衡凝固时相的晶体结构与 Nb 含量如下：① α 相，底心正交结构，最大 Nb 含量为 0.45%（质量分数）（664 ℃），室温时 <0.1%；② β 相，简单四方结构，最大 Nb 含量为 0.65%（质量分数）（664 ℃）；③ γ_1 相，体心立方结构，偏晶转变温度时（647 ℃）约为 6.2%（质量分数）；④ γ_2 相，体心立方结构，室温时含 Nb 含量约为 50%（质量分数）。γ_2 相是需要在 $\alpha + \gamma_2$ 相区长期保持才能获得的平衡相组织，在一般冷却速度下铀-铌合金的室温组织是由 α 相和成分介于 γ_1 相和 γ_2 相之间的 γ_{1-2} 相组成的。

U-6Nb 合金在 680 ℃ 到 1270 ℃（熔点温度）范围内是单一的 γ_1，从 640 ℃ 到 680 ℃ 温度范围内，发生偏析反应，γ_1 相中有富铌 γ_2 相析出，但其析出速率很慢（在 550 ℃ 下缓慢热处理两周能生成 γ_2 相）。从 640 ℃ 到室温下，U-6Nb 合金的相组成为 α 与 γ 双相合金，Nb 完全溶于 γ 相铀中，α 相铀中的 Nb 溶解度小于 0.5%（质量分数）。所以，U-6Nb 合金是在 α 铀基体中嵌入富铌 γ 相的混合物。

（2）组织变化与力学性能

合金系中各个相之间的性能差别很大，在富铀的含 Nb 的合金中，含 6.5%（质量分数）Nb 的 α″ 合金硬度最低，塑性最好，强度最低。含 2%（质量分数）Nb 的 α′ 合金硬度最高，强度最高，塑性最差。

对于 U-2.5%（质量分数）Nb，淬火马氏体 α′ 是合金系中最强硬的过渡相，在 540 ℃

以下温度时效，α'分解出微细分散的富铌相弥散于基体内，使材料更加强化但塑性不好。进一步时效，α'分解为 α+γ 相使强度下降而塑性增加。因而欲获得强度塑性兼顾的材料，需采取合适的热处理手段，使之生成细密的珠光体两相组织。冷却速率越快，形成的两相组织越细，并且保持到室温的 γ 相越多，相应的 α 相减少。缓冷允许 γ 相扩散分解为几乎由纯 α 铀和富含合金元素的第二相（常常是中间化合物）组成的两相显微组织，这些缓冷的显微组织类似于钢的珠光体。快冷压抑了扩散分解方式，产生由各种各样介稳的 α 铀或 γ 铀变形体组成的显微组织，这类淬火显微组织类似于钢的马氏体和残留奥氏体。淬火产生的介稳相是过饱和的，适合于在较低温度后续热处理。由于这些介稳相是替代式固溶体，它们相当软，随后较低温度热处理引起硬度和强度的升高。

①弹性性能。

U-Nb 合金的弹性模量随成分和热处理显示出较大的变化，从大约 4.8×10^4 MPa 变化到 17.2×10^4 MPa。弹性模量的上限接近非合金铀，增加溶质成分使杨氏模量降低。在富铀的 U-Nb 合金中观察到温度-感生的形状记忆现象，在较高的温度下循环，形状变化显示出等温的特点。在 400 ℃ 保持 15 min，任何记忆和以后的形状变化行为都会完全消失。

②塑性性能。

含有 3%～8%（质量分数）Nb 的铀-铌合金从单相 γ 区快冷时形成孪晶。室温下的塑性变形主要是由于存在的孪晶界面的移动，而不是滑移位错的移动。室温时，U-Nb 合金在相对慢的应变率下形成切变带，进而会形成裂纹并且在切变带内扩展，引起成形操作的失败。具有稳定的小晶粒直径的等轴组织是超塑形的，在低的应力下变形时得到大的无缩颈的延伸率。

③强度性能。

U-Nb 合金在固溶淬火条件下显示低强度和高延性；在 300 ℃ 或更低温度时效产生显著的强化，而保持相当好的延性；在 350～500 ℃ 时合金获得高强度，而延性几乎完全丧失。

在高温时效实验中，550 ℃ 处理产生"最韧的"材料得到屈服强度（0.2%残余应变）和最大拉伸强度分别为 1.1×10^3 MPa 和 1.4×10^3 MPa，并且有相当好的延性。这种处理的主要缺点是贫 Nb 的 α-U 相的析出，从而降低对正常环境的抗腐蚀能力。抗腐蚀能力最高的合金的最佳热处理是低温（即低于 350 ℃）热处理。在 300 ℃ 及以下温度时效 1 h 的合金的屈服强度显著增加，并保持好的延性，这是由于间隙杂质扩散到孪晶位错和界面，使其活性减小。

冷却速度对 U-6.3%（质量分数）Nb 合金强度性能的影响强烈地反映在冲击强度上。对标准尺寸的摆锤式 V 式切口冲击试棒来说，水淬试样的冲击值为 84 J，而空气冷却试样的冲击值为 39 J。成分对冲击强度也有大的影响。在水淬和空气冷却的条件下，U-4.5%（质量分数）Nb 合金的冲击强度分别为 24 J 和 5.4 J。可见，U-6.3%（质量分数）Nb 合金的切口试棒的冲击强度比 U-4.5%（质量分数）Nb 合金大得多。

④蠕变性能。

在位错攀移区和过渡区，蠕变被认为是由晶格扩散所控制的。在 631 ℃，蠕变激活能为 60 kcal/mol[①]，其与晶界扩散有关，并且与超塑性蠕变行为一致。当退火形成晶粒尺寸为 40 μm 的单一 γ 相时，合金在 670~1000 ℃ 的开始应变期间靠黏滞滑动蠕变机理变形。在 670~1000 ℃ 变形期间出现组织变化。在应力小于 11.03 MPa 左右时，观察到了与亚晶粒的形成和晶粒长大有关的硬化。在应力大于 11.03 MPa 左右时出现软化。软化与晶粒边界处形成小的再结晶的晶粒有关，可能的机理是晶界切变和迁移过程。

3. 铀-锆合金

向 U 中添加 Zr 既能有效地提高合金的熔点，又能增强合金燃料与不锈钢包壳材料的相容性。在满足核性能要求的前提下，Zr 的含量越高，合金燃料的熔点越高，反应堆的安全性也越高。但是 Zr 含量过高，也会导致制造合金燃料时所需的熔炼温度过高。

铀锆二元体系存在五种稳定相：正交 α-U 相，四方 β-U 相，体心立方 γ-(U, Zr) 相固溶体，六方 α-Zr 相和 δ-UZr$_2$ 相。在高温 γ 相区，体心立方的 γ-U 与 β-Zr 完全互溶，在室温处于富铀端的平衡态铀-锆合金由 α-U 相和 δ-UZr$_2$ 相组成，富锆端则由 α-Zr 相和 δ-UZr$_2$ 相组成。但是 Zr 元素在 α-U 中固溶度为 0.31%（质量分数）（662 ℃），在 β-U 中的固溶度为 0.42%（质量分数）（693 ℃），U 元素在 α-Zr 的固溶度只有 0.1%（质量分数）（606 ℃）。

铀-锆合金的组织形态和相结构随着锆含量和冷却速度的变化而发生变化。富铀（Zr 含量小于 10%（质量分数））的铸态铀-锆合金晶粒如同纯铀一般形状不规则，晶体结构各向异性，而且随着 Zr 含量增加，晶粒平均尺寸变小。首先，Zr 元素的添加提高了铀-锆合金熔点，随着 Zr 含量增加，铀-锆合金的熔点更高，铀-锆合金从熔融金属液体冷却凝固下来时，开始凝固的温度更高，铀-锆合金初始凝固速率更快；其次，随着 Zr 含量的增加，凝固的形核点增多。在两方面因素的作用下，晶粒大小随着 Zr 含量增多而变小。铸态 U-2%（质量分数）Zr 合金在 γ 相区热处理，然后水淬，经马氏体相变得到针状的 α-U，Zr 含量直至 20%（质量分数）的铀-锆合金，其水淬态都由 α-U 构成。电弧熔炼铸造的 U-50%（质量分数）Zr 合金由 δ-UZr$_2$ 和 α-Zr 组成，尚未达到平衡，经 550 ℃/24 h 热处理，完全反应转化为 δ-UZr$_2$。

铀-锆合金在辐照条件下发生辐照生长和辐照肿胀两种辐照效应，使尺寸发生变化。由于铀-锆合金中主要为正交 α-U 相，存在各向异性，在辐照条件下晶体生长，[010]晶轴方向变长，而[100]晶轴变短。特别是当存在织构时，这种现象更为显著。辐照肿胀，是指在辐照条件下体积变大而密度变小的现象。裂变气体 Kr、Xe 原子聚集成为孤立的纳米尺度气泡，气泡逐渐长大形成了孔洞，可导致材料破损。合金在 1%~2% 低燃耗时体积肿胀 30%，内部的气孔互相连接，形成通孔后成为裂变气体的快速释放通道。

4. 铀-钛合金

U-Ti 合金中即便合金元素含量很低，也能使其机械性能、力学性能和耐腐蚀性得到显著改善。在军事领域中，U-Ti 合金由于具备很高的强度、密度以及一定的韧性，是重

---

① 1 cal≈4.186 J。

要的穿甲弹弹芯材料，其应变速率高达 $10^6/s$，动态屈服极限远大于准静态屈服极限，在相近的应变率下硬度与钨合金相当，且在冲击拉伸试验中表现出很好的韧性。

在高温时 γ-U 与 β-Ti 形成连续固溶体。在 898 ℃，含 0.92%（质量分数）Ti 时从 γ 相中析出六方结构的中间相，其晶格常数为 $a=0.4828$ nm，$c=0.2847$ nm。含 0.83%（质量分数）Ti 的合金在 723 ℃时，γ 相通过共析反应分解为 β 相和 U_2Ti。Ti 在 β-U 中的溶解度不大，约在 0.15%～0.31%（质量分数）的范围。在 α-U 中的溶解度更低，在 650 ℃时小于 0.2%（质量分数），在室温几乎不溶。

富铀的 U-Ti 合金从高温相淬火，随着钛含量的不同，可得到不同的室温亚稳固溶体。铀-钛合金是钛含量较低的合金，比如 U-0.8%（质量分数）Ti 和 U-0.75%（质量分数）Ti 等。

5.5.2　铀合金的腐蚀

1. 环境腐蚀

铀合金在长贮过程中可保持长期稳定不被腐蚀，表面氧化膜保持光泽、完整，不发生明显变化。由于铀和氧的高反应活性，使其在中、低湿度环境中（库置、包贮、低湿条件）能够生成致密的 UO_2 氧化膜，UO_2 氧化膜的化学稳定性较好，和酸性、碱性溶液的反应活性较低。另外，UO_2 氧化膜可以吸收氧呈富氧相（$UO_{2.2\sim2.4}$）而不发生相变，将增加氧化膜致密性，并使氧化膜具有一定的自修复作用，使铀合金能够保持长期稳定性。高湿度及水溶液环境中，铀合金的腐蚀率明显加快。一方面，由于铀与水之间的析氢反应，能使铀合金表面发生氢化反应，生成的氢化铀影响了氧化膜的致密性；另一方面，UO_2 氧化膜在有水存在时容易发生相变，成为疏松的高阶水合氧化膜，使铀合金容易腐蚀。铀合金对 Cl^- 十分敏感，大气中的 Cl^- 不但容易穿透氧化膜使铀合金产生点状腐蚀，而且 Cl^- 可产生铀合金的自加速腐蚀作用，因此在有 Cl^- 存在的盐雾大气中铀合金的腐蚀十分严重。

（1）合金元素对铀在水中腐蚀的影响

加入某些合金元素后，能提高铀在高温水中的抗腐蚀性能，可能是合金表面生成了比金属铀表面上更致密和更有黏着性的氧化膜。含少量合金元素（如锆）的铀合金的抗腐蚀性能在某种程度上有提高，其原因可能是因为这些合金在 α 铀中的固溶度尽管较小，但还是有一定的固溶度，或者是因为合金元素和铀生成的第二相破坏了 α 铀的结构。

对 U-1.5%（质量分数）Nb-5%（质量分数）Zr 合金，可用淬火方法得到过饱和 α 相组织，这种组织具有中等的抗腐蚀能力。锆减小了过时效倾向（形成了平衡的 α 相和第二相），在低铌铀合金的腐蚀试验中曾发现过这种倾向。过时效的马氏体合金将丧失其抗腐蚀能力。

铂和铌含量高于 7%（质量分数）的铀-铂、铀-铌合金，淬火后含有介稳的 γ 相。这种 γ 相具有很低的均匀腐蚀速率；对 γ 相淬火后经低温（300～500 ℃）时效处理的合金尤其明显。

对铀-12%（质量分数）钼合金，能在很短时间内就发生非连续性破坏（试样开裂或破碎）。通常认为，铀-钼 γ 相合金发生非连续性破坏前，在整个 γ 相基体上总有像板状的第二相析出。第二相的析出与腐蚀反应同时进行，与水中析出初生态氢有关，第二相被水氧化后，导致试样开裂和非连续性破坏。

2. 合金元素对铀在气体中腐蚀的影响

在 O_2 和 U 界面处富集较多的惰性（贵）金属元素，或者形成混合氧化物结构可减少氧离子在界面处的扩散，如铀-铌合金中 Nb_2O_5 的形成，可以改善合金的抗氧化腐蚀性能。

几种二元合金在 75 ℃温度、50％相对湿度的空气中的腐蚀数据表明，铸态的 U-6Zr 合金的腐蚀速度大约为非合金铀的 1/10，经过热处理的 U-6Zr 和 U-6Nb 合金大约为 1/100。对 U-4.5Nb 和 U-7.5Nb-2.5Zr 在被水饱和的氧中于 75 ℃下进行氧化，研究表明合金的反应速度比非合金低得多，氧的存在减少了氢气释放的速度。

对 U-3/4Ti 和 U-2.3Nb 合金在 60 ℃下纯水蒸气（100％相对湿度）腐蚀的研究结果表明，测得的自由氢量与根据 $U+H_2O \rightleftharpoons UO_2+H_2$ 反应的重量分析数据是符合的。两种合金都显示出孕育期，Nb 合金的孕育期大约比 Ti 合金长一倍。两种合金以均匀和相等的速度腐蚀，样品表面制备对腐蚀速度的影响也关系到孕育期。氧加到系统中会减少氧化速度，并且几乎完全抑制氢的放出。

2. 应力腐蚀

应力腐蚀裂纹是敏感合金于不良环境中受到拉伸应力产生的一种脆坏现象。实质上环境和拉伸应力的影响是协同的，并不存在一般的化学反应，通常不形成反应产物。应力腐蚀裂纹的几个普遍的特点是：①纯材料是不敏感的；②对应力腐蚀裂纹的敏感性随合金抗腐蚀能力的增加而增高；③敏感性随合金强度的增加而增高。

研究表明，铀合金的应力腐蚀敏感性和铀合金的环境腐蚀性密切相关。大气环境中铀合金的应力腐蚀比溶液中的应力腐蚀明显缓慢。由于大气中环境湿度的交替变化，能使腐蚀裂纹处形成的水膜发生干湿交替的变化，使应力腐蚀发展的条件和过程发生断续，因而大大延缓了应力腐蚀的进程。在溶液中电镀层对铀合金的应力腐蚀有十分明显的抑制作用，但在大气中这种抑制作用弱得多，表明大气中裂尖处存在着局部水膜的干湿交替变化，这将影响镀层对铀合金的阳极保护作用。

铀合金应力腐蚀的机理，认为其为阳极溶解型机制。但由于铀合金的铀水反应特点，在应力腐蚀进行时，裂纹尖端的水膜下的析氢反应容易产生阴极腐蚀渗氢，使裂尖处的局部区域产生氢脆现象；同时，铀水反应也破坏裂纹尖端氧化膜的完整性，使裂尖产生阳极腐蚀；当有 Cl^- 存在时，裂尖的阴极渗氢和阳极腐蚀过程将更容易进行。因此，结合铀合金应力腐蚀断口存在沿晶断口现象，可认为铀合金的应力腐蚀是阳极溶解和阴极腐蚀渗氢共同作用下进行的，不仅有应力对阳极溶解过程的加速，更由于阴极腐蚀渗氢引起了裂纹尖端的局部氢脆作用，加速了裂纹的扩展。

（1）铀-钼合金

对铀-钼合金的应力腐蚀的研究结果表明，在试验室空气中试验的试样能产生裂纹，O_2、H_2O 和空气中一些未查明的酸性气体是引起腐蚀裂纹的主要原因。

合金的含碳量对试样的破坏时间和应力临界值都有影响。向 U-8％（质量分数）Mo 合金中添加钛可以降低含碳量，从而改善合金的抗应力腐蚀能力。

(2)铀-铌合金

铀-铌合金在特殊环境中会产生应力腐蚀裂纹。当合金适当地消除了应力且没有长期重载时，不需要考虑应力腐蚀裂纹的可能性。在焊接结构中应特别注意在湿气下长期工作以前，零件应当完全消除应力。同样，应避免非焊接结构的长期连续重载使用。

在稀 Cl^- 溶液中研究 U－5％(质量分数)Nb 合金成分的光滑试样时发现，当试样在 450 ℃经过 2～24 h 时效后，材料抗应力腐蚀裂纹的能力最小，而当试样在 550 ℃经过 2～80 h 时效后，材料抗应力腐蚀裂纹的能力最大。试样的热处理温度低于 450 ℃时，样品的断裂时间居于 450 ℃和 550 ℃热处理的数值之间。当合金在 260 ℃经过 80 h 时效后，光滑试样的试验结果表明，材料在潮湿及干燥空气中都不敏感。

(3)铀-铌锆合金

在试验室潮湿空气中和水溶液中，对 U－7.5％(质量分数)Nb－2.5％(质量分数)Zr 合金的应力腐蚀实验表明 O_2、H_2O 和 Cl^- 是形成裂纹的必要条件。在含水 Cl^- 溶液中对预制裂纹试样进行试验，观察到 Cl^- 由<$2×10^{-6}$增加到 $500×10^{-6}$ 时，晶间裂纹的 K_{ISCC} 值减少。在试验室空气中试验的预制裂纹试样产生穿晶裂纹，可认为氧是引起这种应力腐蚀裂纹的主要原因。

关于 U－7.5％(质量分数)Nb－2.5％(质量分数)Zr 合金的热处理对应力腐蚀裂纹敏感性影响的研究表明，时效温度越高抗应力腐蚀裂纹形成的能力越大，材料在 450 ℃时效后裂纹发展最快，而在 150 ℃时效后裂纹扩展最慢，所有裂纹都是晶间裂纹。

习　题

1. 自然界中的铀有哪几种同位素？它们的丰度各为多少？

2. 为什么要进行铀同位素的分离？铀同位素分离的方法有哪些？

3. 熔点以下的纯金属铀有哪几种晶体结构？铀的热膨胀性能与其晶体结构有何关系？

4. 铀的导热性与温度的关系曲线有何特点？其形成原因是什么？

5. 温度对铀的强度和塑性的影响规律是怎样的？

6. 铀的天然同位素^{238}U 和^{235}U 作为起始核素会形成哪些连续衰变的放射系？不同放射系各代核素的质量分别符合什么规律？

7. 铀同位素的裂变截面随中子能量的变化规律是怎样的？

8. 铀在辐照作用下会发生哪些现象？

第6章

钚材料

钚大约有 20 种放射性同位素，同位素的质量数范围从 228 到 247 不等，主要同位素有 ^{238}Pu、^{239}Pu、^{240}Pu、^{241}Pu、^{242}Pu 和 ^{244}Pu。在自然界中只找到两种钚同位素，一种是从氟碳铈镧矿中找到的极其微量的 ^{244}Pu，^{244}Pu 是钚的同位素中寿命最长的（半衰期是 8.08×10^7 年），可能是地球上原始存在的。另一种是从含铀矿物中找到的 ^{239}Pu，是 ^{238}U 吸收自然界里的中子而形成的。其他钚同位素都是通过人工核反应合成的。

热中子能使 ^{239}Pu 发生裂变，放射出的中子能够触发更多的裂变，使核链式反应能够维持下去。这种同位素作为核燃料，特别是作为制造原子弹亟需的核装料之一，具有很大的现实意义。

6.1 钚的物理性质

钚被应用以后的较短时间内，国外就对纯钚的物理性能进行了广泛的研究。钚和多数金属一样具有银灰色外表，不同点是它不是热和电的良好导体，纯钚的熔点很低（640 ℃），沸点很高（3230 ℃）。本节只简述钚的几种主要的物理性质。

6.1.1 钚的晶体结构

钚从室温到 640 ℃（熔点）的较小范围内存在 6 个同素异形体，而且性质相差很大。密度变化高达 25%，每种相的存在有不同的稳定温度范围和密度（见表 6-1）。α-Pu 为简单单斜结构，β-Pu 为体心单斜，γ-Pu 为面心正交，δ-Pu 为面心立方，δ′-Pu 为体心四方，ε-Pu 为体心立方。其中 α 相钚密度高，坚硬，脆性大，像玻璃一样易碎，不能用通常的加工技术加工。δ 相钚密度最低，延展性好，如同铝易加工，但不稳定，在很低的压力下就会转变为 α 相。

从表中以看出，钚的低温相（α、β 和 γ）晶体结构对称性较低，分析认为其内部存在一定程度的共价键。随着温度升高到 320 ℃（δ 相）以上，钚才出现典型的金属结构。低温相非对称结构可能是因为这些相某些或者所有 5f 电子在原子间键合中发挥重要作用，在 α、β 和 γ 相中有 3 个 5f 电子，而在 δ 相中有 3 个以上的 5f 电子。计算可得 α 相钚的原子半径约为 0.158 nm，δ 相钚的原子半径约为 0.164 nm。

表 6 - 1　钚的晶体结构

相	稳定温度范围/℃	空间点阵和空间群	单位晶胞大小/10^{-10} m	单位晶胞原子数	X射线数据计算的密度/g·cm^{-3}
α	低于约 115	简单单斜 $P2_1/m$	21 ℃时 $a=6.183\pm0.001$ $b=4.822\pm0.001$ $c=10.963\pm0.001$ $\beta=101.79°\pm0.01°$	16	19.86
β	约 115～约 200	体心单斜 I_2/m	190 ℃时 $a=9.284\pm0.003$ $b=10.463\pm0.004$ $c=7.859\pm0.003$ $\beta=92.13°\pm0.03°$	34	17.70
γ	约 200～310	面心正交 $Fddd$	235 ℃时 $a=3.159\pm0.001$ $b=5.768\pm0.001$ $c=10.162\pm0.002$ $\beta=101.79°\pm0.01°$	8	17.14
δ	310～452	面心立方 $Fm3m$	320 ℃时 $a=4.6371\pm0.004$	4	15.92
δ′	452～480	体心四方 I_4/mmm	465 ℃时 $a=3.34\pm0.01$ $c=4.44\pm0.04$	2	16.00
ε	480～640	体心立方 $Im3m$	490 ℃时 $a=3.6361\pm0.004$	2	16.51

6.1.2　钚的密度

　　根据钚的同素异晶体的 X 射线数据计算得到的密度值(见表 6 - 1)。一般说来,任何一种金属的密度测量值,由于金属中有缺陷,都稍低于由 X 射线数据计算的密度值。在钚的 α 相中,由于在低温时残留有少量高温相,而扩大了密度值的这种差别,特别是在 α 相中残留有少量的 β 相或 δ 相,以及在高纯钚中由于相变(主要是 β→α 相变)而形成微裂纹时,这种差别就更大了。再加上杂质的影响,铸态试样的密度,一般都比理论值低1%左右。固态各相的密度相差很明显，α - Pu 密度最高($19.86\ g/cm^3$)，δ - Pu 的密度最低($15.92\ g/cm^3$)，从而导致相变时产生惊人的体积变化。

对于液态钚的密度，Serpan 和 Wittenberg 通过实验测得在 $664\sim788\ ℃$ 温度范围内的密度结果可表示为：

$$\rho = (17.63 - 1.52 \times 10^{-3} T) \pm 0.04 \tag{6-1}$$

式中，T 的单位为℃，ρ 的单位为 g/cm^3。例如，664 ℃时的密度为 $16.62\ g/cm^3$，746 ℃时的密度为 $16.50\ g/cm^3$，788 ℃时的密度为 $16.43\ g/cm^3$。

6.1.3 钚的热膨胀系数

可以利用膨胀仪或 X 射线衍射数据获得钚的热膨胀系数。根据试验数据可以得到 $-186\sim100\ ℃$ 温度范围内 α - Pu 的平均热膨胀系数计算公式如下：

$$L = L_0 [1 + (46.8 \pm 0.05) \times 10^{-6} T + (55.9 \pm 0.4) \times 10^{-9} T^2] \tag{6-2}$$

式中，T 单位为℃。这个关系表明，瞬时膨胀系数随温度的升高而有较大的增加。

除 α 相外，其他固相膨胀系数随温度的升高没有明显的变化；表 6-2 列出的各膨胀系数值可以在该项的整个稳定温度范围内应用。对于钚在低温($50\sim200\ K$)的热膨胀部分，实验发现，钚试样随温度降低而正常收缩，在 150 K 附近的热膨胀系数几乎为零，到 50 K 左右，随温度进一步下降反而会膨胀。同时 X 射线衍射研究和中子衍射实验都证明，在低至 20 K 左右也没有发现与 α 相不同的其他相。

表 6-2 钚的线热膨胀系数($\bar{\alpha} \times 10^{-6}$)

相	Zachariasen, 1964 X 衍射法	Knight, 1960 NaK 容积法	Abramson, 1957 膨胀仪法	Ellinger, 1956 X 衍射法
α	54 ± 2	56.7	59 ± 5	50.8
β	38 ± 5	50	30.3 ± 3.8	38
γ	34 ± 1	37	33.3 ± 2.1	34.7
δ	-8.6 ± 0.3	-11.3	-8.8 ± 1.4	-8.6 ± 0.3
δ'	-16 ± 28 至 60 ± 10		-63 ± 5	-16 ± 28
ε	37 ± 1	28.3	25.6 ± 2.8	36.5 ± 1.1
液态	93（比重瓶）			

从表中数据可知，钚的膨胀性质与一般金属明显不同的是 δ 和 δ' 相的热膨胀系数有负值，即降温时 δ 和 δ' 相体积膨胀。图 6-1 给出了钚的膨胀曲线。

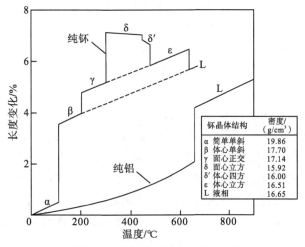

图 6-1　金属钚的理想热膨胀曲线

6.1.4　钚的比热容

通过实验测定和计算求得的钚的摩尔定压热容(c_p)，α-Pu 的 c_p 为 35.45 J/(mol·K)(27 ℃)，β-Pu 的 c_p 为 34.61 J/(mol·K)(160 ℃)，γ-Pu 的 c_p 为 36.24 J/(mol·K)(250 ℃)，δ-Pu 的 c_p 为 37.621 J/(mol·K)(377 ℃)，δ'-Pu 的 c_p 为 55.18 J/(mol·K)(455 ℃)，ε-Pu 的 c_p 为 35.11 J/(mol·K)(500 ℃)。固态 Pu(298~913 K)的平均热容为 37.20 J/(mol·K)，液态 c_p 为 41.8 J/(mol·K)(660 ℃)。需要说明的是，钚试样铸造以后在低温下的贮存时效和因自辐照而产生的能量积累，都会给钚的低温热容量产生影响，由于放射性衰变而使杂质都进入钚试样中，钚试样贮存 29 个月后的熵值和焓值会增高。

6.1.5　钚的热导率

一些研究者测定和计算的钚的热导率随温度上升而增大。其中，测得室温时 α-Pu 的热导率为 0.0098±0.0060 cal/(cm·s·K)[①]，40 ℃ 时为 0.008 cal/(cm·s·K)，105 ℃ 的热导率为 0.006 cal/(cm·s·K)，112 ℃ 时为 0.0129 cal/(cm·s·K)。δ-Pu 的热导率为 0.022 cal/(cm·s·K)。同其他金属材料相比，钚的导热性能较差，例如常温下不锈钢的热导率大约为 0.036 cal/(cm·s·K)，铝的热导率约为 0.530 cal/(cm·s·K)。

6.1.6　钚的压缩性

材料的压缩性可以通过压缩率 κ 来表示。κ 是体积模量的倒数，可以通过材料的弹性数据(杨氏模量 E 和剪切模量 G)计算出来，计算公式如下：

$$\kappa = \frac{9}{E} - \frac{3}{G} \qquad (6-3)$$

1960 年实验测得，在 20 ℃ 条件下，α-Pu 的杨氏模量为 97.6 GPa~100.4 GPa，剪切模

---

① 1 cal≈4.186 J。

量为 41.5 GPa～42.3 GPa。计算可得 α-Pu 的压缩率约为 2.04×10^{-11} Pa^{-1}，类似的还可以知道 β-Pu 为 2.16×10^{-11} Pa^{-1}，γ-Pu 为 2.46×10^{-11} Pa^{-1}，δ-Pu 为 1.96×10^{-11} Pa^{-1}。相同条件下与其他材料的压缩率对比，U 为 0.99×10^{-11} Pa^{-1}，W 为 0.30×10^{-11} Pa^{-1}，Cu 为 0.75×10^{-11} Pa^{-1}，Fe 为 0.58×10^{-11} Pa^{-1}，Be 为 0.98×10^{-11} Pa^{-1}。可以发现 Pu 非常易压缩，比铀的压缩性好。

钚在冶金工艺中需要被加热到液态，液态钚的表面张力为 0.49～0.58 N/m，在熔点（640 ℃）时的黏度为 6×10^{-3} Pa·s，与 Fe 熔点（1535 ℃）时的黏度 7×10^{-3} Pa·s 相当，但比 Zn 熔点（420 ℃）时的黏度 3×10^{-3} Pa·s 略高。钚在熔化之前有 6 种不同的晶体结构。其中，最有意义的是在室温稳定的单斜结构 α 相和高温（319～450 ℃）像铝一样的面心立方（fcc）结构 δ 相。钚在冶金工艺中遇到的一些困难往往与相变有关，例如相变造成裂纹问题、生产和稳定 δ-Pu 的技术问题、α 相韧性差造成的铸造和切削加工困难问题等。为了克服 α-Pu 性能脆、耐腐蚀性差的缺点，如何使 δ 相稳定到室温，几十年前就有钚冶金学者开始了这方面的研究。根据大量研究认为只有 Ga、Al、Am、Sc 和 Ce 等元素能稳定 δ 相，使 δ 相保持到室温，这些合金是固溶体合金系。

6.2 钚的化学性质

钚是一种具放射性的锕系金属元素，外层电子排布为 $5f^6 7s^2$。钚是最复杂的锕系元素之一，它的位置在包含离域 5f 电子的轻锕系元素和包含局域 5f 电子的重锕系元素之间，其表现出的物理化学性质也介于离域和局域之间，因此常被认为是最复杂的元素之一。尽管锕系元素和镧系元素的许多物理、化学性质非常相似，但它们的氧化-还原行为却十分不同。所有镧系元素最稳定的氧化态都是三价，而锕系的前几个元素却并不如此；钍、镤、铀、镎和钚最稳定的氧化态分别为 +4、+5、+6、+5 和 +4。这个差异主要是因为 5f 和 6d 轨道之间的能级差非常小。由于这个能量差异与化学键能是同数量级，故锕系元素的电子构型（以及相应的氧化态）较之镧系对化学介质更为敏感（镧系元素在 4f 和 5d 轨道之间的能量差异较大）。锕系中前几个元素的正四价离子之所以比较稳定是因为 5f 电子比 4f 电子有更小的第四电离电势。锕系中从镅以后的元素主要以三价存在，这些元素与镧系元素更相似。但是，从钍到钚这些元素间行为的差异，使对锕系应由哪个元素开始的意见不太一致。如有人建议把它们移除锕系分别放到ⅣA、ⅤA 和ⅥA 族，也有人建议把铀、镎、钚和镅组成"铀系"放在ⅥA 族中，而剩下的超铀元素组成"锔系"放在铜下的ⅢA 族中。

钚是一种化学性质非常活泼的金属。常温下当钚暴露在空气、湿气、氧及氢等气氛中时，会反应形成各种表面化合物，引起表面氧化和腐蚀。在高温下，普通气体（CO、CO_2、NH_3、N_2、F_2、Cl_2）也能与钚反应。在腐蚀过程中，形成由细微钚粒子组成的粉末，悬浮在大气中，易被吸入体内，造成人身损害。钚氧化-还原机理研究表明，在中性溶液中和缺乏强氧化性或强还原性的物质中，腐蚀主要产物将是 $Pu(OH)_4$，并会形成聚合溶液或胶体溶液。PuO_2 是在各种气氛和高温氧化实验中形成的主要产物。PuO_2 具有萤石（CaF_2）型结构，存在阴离子空位。钚与氮反应很不活泼，例如，钚在氮气气氛下熔化，并在 0.5 个大气压下，于 1000 ℃保温几小时以后，在其表面附近，只有少数树枝状氮化物。这样，钚在空气中的高温性质，就可以归结为在该温度下具有或者没有水蒸气时的氧化行为。

6.2.1 钚与氧的反应

钚的化学活性很高。新制出而未受侵蚀的钚，表面光亮，呈银白色，类似于镍或铁。它暴露在空气中会很快地失去光泽，表面变暗，形成各种不同颜色的干涉色。如果暴露时间足够长，就会产生有粉末的表面，最终形成一种橄榄绿色的粉末 PuO_2。由于这种材料的性质极毒，故要求尽可能减少它的氧化，并要求把氧化的腐蚀产物包装起来。大块钚金属在干燥空气中氧化进行得非常慢，且氧化动力学规律的重复性好。

长期贮存及贮存中因自发衰变而引起的杂质量增加，以及辐照损伤都对钚在干空气中的氧化速率没有影响，金属加工方法对腐蚀速率的影响也不明显。抑制期以后的氧化速率呈线性规律。90 ℃下线性氧化速率常数 k_1 约为 0.048 mg/(cm² · h)；对铸造的电解精炼钚，$k_1 = 0.042$ mg/(cm² · h)；对于轧制的非合金钚，$k_1 = 0.050$ mg/(cm² · h)。在干燥空气中，氧化初期受到抑制的原因是生成的无孔氧化膜具有保护性。

钚的氧化还原动力学颇为复杂。但是除了 Pu(Ⅴ) 和 Pu(Ⅵ) 由于价态稳定性较差被较少研究外，其余都已累积了大量的实验数据，并在不同程度上定量地描述了反应动力学方程和机理。钚的氧化物中，PuO_2 是主要化合物，在某些情况下，也可形成 Pu_2O_3 和 PuO。在硫酸盐溶液中，Pu(Ⅲ) 与 O_2 之间的反应不借助于 H 原子的转移，而是借助电子转移，或其他某种途径。因为钚有六种同素异形体，氧化物价态又有许多种。因此，钚的氧化现象十分复杂，难以用一种机理解释这样复杂的现象。

6.2.2 湿度的影响

钚与少量水蒸气反应可形成氧化钚和氢化钚的混合物。对钚的大气腐蚀研究结果（见表 6-3）表明，湿度对腐蚀作用的影响比温度大。钚在 25 ℃湿空气和湿氩气中的氧化结果表明：在湿氩气中氧化快，在湿空气中氧化慢一些，而在干燥空气中特别慢。在室温干燥空气中，钚的氧化速率约为 25 μg/(cm² · h)，每年约 25 μm。在相对湿度为 50%的空气中，钚的氧化速率比相对湿度约为 0%时高 100～1000 倍。在 85 ℃氧气中，当水汽含量从 1.5 μg/g 增加到 3.5 μg/g 时，钚的氧化速率将增加到 19～38.6 μg/(cm² · h)。研究表明必须把相对湿度下降到 2%以下才能有效降低钚金属的氧化速率。如果微量的湿气不能从容器本身和从气体中去除干净，则有可能发生严重的腐蚀，甚至生成着火的腐蚀产物。

表 6-3 温度和湿度对非合金钚腐蚀影响的比较

实验温度/℃	相对湿度/%	经历时间/h	增重/(mg · cm⁻²)
25	40	900	0.01～0.07
	100	900	6.5
50	7	200	0.6
	7	900	4.3
65	0	200	0.015
	5	200	1.0

6.2.3　氢化物机理

这种机理认为和金属反应生成的氢化钚将进一步和其余部分的水汽反应而生成氧化钚，即：

$$Pu+2H_2O \longrightarrow PuO_2+2H_2$$

$$Pu+H_2 \longrightarrow PuH_2$$

$$PuH_2+2H_2O \longrightarrow PuO_2+3H_2$$

对于 100 ℃和 200 ℃下的钚与水汽的反应研究表明，有 80%～85%的氢气被消耗掉，并且腐蚀产物中存在着数量可观的氢化物。这个结果与氢化物形成机理相吻合，但是这个机理不能解释很少量的水汽为什么能起比较大的作用。

水和氢是加速钚氧化的主要因素，特别是氢与钚的反应是放热和催化的。Haschke 等研究了钚的表面和腐蚀化学，他们首次表述了超化学计量的氧化钚（PuO_{2+x}，x 最高可达 0.26）是在气态或液态水存在的条件下形成的，被吸附的水快速地催化钚的氧化，在气-固界面产生氢气和超化学计量的氧化钚。表面附有约 100 μm 厚度的 PuH_2 的钚试样，暴露在过量的氧气中，不到 1 s，钚完全消耗，气相温度超过 1000 ℃。钚的腐蚀速率相当于 3 m/h；表面附有氧化物的钚与氢反应，钚的氧化速率比在 25 ℃的干燥氧气中的快 1011 倍。PuH_x 催化了吸附 H_2 的离解，并促进了原子氢至 PuH_x-Pu 界面传输。氢化钚的腐蚀速率比钚在室温下的饱和水蒸气和湿饱和空气中的腐蚀速率快 108 倍。

6.2.4　氢氧化物机理

这种机理认为水汽和钚反应的阴极反应过程为钚氧化膜上吸附水的离解：

$$2H_2O \longrightarrow OH^- + H_3O^+ \tag{6-4}$$

$$2H_3O^+ \longrightarrow H_2 + 2H_2O - 2e^- \tag{6-5}$$

OH^- 离子向金属/氧化膜界面扩散，于是产生阳极反应如下：

$$Pu+3OH^- \longrightarrow Pu(OH)_3+3e^- \tag{6-6}$$

$$Pu(OH)_3+OH^- \longrightarrow Pu(OH)_4+e^- \tag{6-7}$$

$$Pu(OH)_4 \longrightarrow PuO_2+2H_2O \tag{6-8}$$

这个反应机理分析还认为，钚的腐蚀过程受阳极控制，吸附水并离解产生氢的阴极反应过程的阻力较小。水的离解过程可以循环反复进行生成 OH^-，这个过程就是少量水就能对钚的氧化作用产生较大的影响的原因。

这种氢氧化物机理虽已被广泛采用，但也还发现它与某些实验结果有矛盾。例如，抛物线氧化动力学的观点就与阳极反应的控制过程不相符。

6.2.5　温度的影响

在较低的温度下，少量氧可以抑制惰性气体中水汽对钚的氧化。在温度为 50 ℃和 70 ℃的 Ar-O$_2$ 混合物中，钚的氧化率均比在含水汽的氩气中低，但在 90 ℃的湿氮中，氧对水汽似乎没有抑制作用。β-Pu(112～185 ℃)在气体中的氧化作用要比上述 α-Pu 的氧化更复杂。典型的等温氧化动力学曲线初始阶段呈抛物线形。此时，表面为致密膜 α-Pu_2O_3。当 α-Pu_2O_3 被氧化成不具有保护性的 PuO_2 时，受保护膜覆盖的金属面积减少而引起氧化速率增加。

在惰性气体中，水汽对氧化的这种加速效应甚至比在空气和氧中更为显著。钚在 75 ℃、相对湿度为 50％的氦气中，经过 26 h 后，其氧化速率是在同样条件下的空气中的氧化速率的 60 倍。在 30 ℃、60 ℃、90 ℃，相对湿度为 95％的氩气中的氧化速率均大于同样情况下空气中的氧化速率。

6.2.6　钚的腐蚀防护

钚材料表面腐蚀机理非常复杂，造成的后果也极为严重。当钚材料暴露在干燥空气中时，表面迅速被氧化形成 PuO_2 层，保护了剩余的钚材料，因此腐蚀速率很慢，约为 20 pm/h；但是 H_2O 的存在会大大增加钚材料的氧化腐蚀速率，在潮湿空气中，298.15 K 时的腐蚀速率是在干燥空气中的 200 倍。研究认为，水与钚材料表面相互作用会产生 H_2，进一步破坏 PuO_2 保护层并与内层钚原子发生反应生成钚氢化物并结晶成核。随着结晶成核面积的增大，氢化反应速率呈指数增长。与此同时，氧原子也通过穿过表面裂纹扩散进入钚晶体，之后，PuH 与氧原子快速反应，并形成水，催化了钚材料的腐蚀。同时，钚的 α 粒子衰变所产生的能量的沉积破坏了它的晶体结构，接近 110 ℃时腐蚀速率最大。在潮湿的空气中，298.15 K 时的氧化腐蚀速率是在干燥空气中的 200 倍，373.15 K 时的氧化腐蚀速率是在干燥空气中的 10^5 倍。298 K 时，金属钚在 CO-H_2 系统中会生成相对稳定的 Pu_2O_3 氧化物且钚表面抗腐蚀的主要原因是致密而稳定的 Pu_2O_3 晶体，覆盖在钚表面形成"钝化膜"，从而阻止 CO 和 H_2 向内扩散。

有关铀腐蚀的一般观察和各种试验已经证明，在腐蚀性气体中的或溶解在腐蚀性液体中的氧，能显著地减小水蒸气的腐蚀作用。同样的现象在钚材料中也出现，例如 Pu-Ga 合金在潮湿空气和潮湿氦气中腐蚀的比较（相对湿度都为 50％，温度为 75 ℃，暴露 26 h），在潮湿空气中的样品呈现干涉色，而暴露在潮湿氦气中的样品形成可以从样品表面剥落下来的黑色氧化物小片。这说明氧可以大大地减少水蒸气对钚合金的腐蚀作用。

对钚化合物的平衡计算表明，氢化钚与空气反应的吉布斯自由能负得多，气相平衡常数极大，氢化钚在空气中能自发地转化成 PuN 和 Pu_2O_3，实验也证实了该反应体系是一个快速反应体系。在反应过程中氢化钚是有消耗的，同时释放 H_2，因而似乎不宜认为氢化钚是反应催化剂。通过密闭实验与反应过后对产物及气体的成分分析，证明了 PuH_x 与空气作用的过程中，N_2 也是主要的反应物之一，并计算出 O_2 和 N_2 的消耗速率比为 3.4 ±0.1：1，同时，PuN 和 Pu_2O_3 的生成速率比为 5.2：1。

有研究表明，含有 Pu（Ⅵ）的钚的高价氧化物 PuO_{2+x} 在温度低于 623.15 K 的空气中可以稳定存在。这种高价氧化物有两种形成途径。第一种是 PuO_2 与吸附 H_2O 进行反应，化学反应式如下。

$$PuO_2 + xH_2O \longrightarrow PuO_{2+x} + xH_2 \tag{6-9}$$

此反应中水是由氢气和氧气在钚氧化物的表面被钚氧化物催化形成的，并且水以

OH⁻ 的形式吸附在钚氧化物的表面。

第二种反应途径是在水的催化作用下 PuO_2 与 O_2 进行反应，发生化学反应循环。在 PuO_{2+x} 的催化作用下，吸附在钚氧化物表面的 H 原子和 O 原子聚集生成水，然后进行反应式（6-9）所示的反应，在有氧的环境下，PuO_2 和 H_2O 反应生成的 H 原子没有聚集成 H_2，而是和解离的 O 重新结合生成 H_2O。最终，H_2O 催化了 PuO_{2+x} 的形成，而 PuO_{2+x} 的表面催化了水的再生。

通过对钚进行合金化，通常也能提高材料的抗腐蚀效果。在分析钚合金的氧化时，先要分析溶质是否比溶剂的惰性（抗氧性）小，从而确定合金元素的氧化物是否比 PuO_2 优先形成。如果合金元素的惰性更强（更抗氧化），那么，只有在其具有很大浓度时它的氧化物（在稀钚合金中）才会形成。如果合金元素惰性较小，那么，甚至在小的溶质浓度（富钚合金）时，溶质氧化物也比 PuO_2 优先形成，在氧化初期阶段就形成了一个合金元素的氧化物薄层。如果形成的这种氧化物对氧显现出低的扩散速度，那么它就可以使钚的氧化变慢，这样和合金元素就可以对钚起保护作用。还有一种类型的合金元素，趋向于形成一个不均匀的氧化物层。此时，如果合金元素比钚的惰性更强或更抗氧化，并且浓度低，则由于钚氧化而使合金元素富集，这就导致形成被 PuO_2 包围着的孤立的"金属小岛"。

对于一个起有效抗腐蚀作用的合金添加剂来说，它必须溶解在钚中，更理想的是它的氧化物能溶解在钚的氧化物中，从而对氧化物表面的局部化学反应发挥较大的影响。通过分析氧化物的相图之后可认为元素之间的阳离子半径差大于 14% 时，它们的氧化物在 PuO_2 中的固溶度较小。由此可知，Al_2O_3、Ga_2O_3 及 ZnO 似乎不会与 PuO_2 形成连续固溶体。许多金属在 α-Pu 中的溶解度都相当低，只有 δ-Pu 对其他金属有相对较高的溶解度。例如 250 ℃以下，铈在钚中的溶解度范围为 17%（质量分数）到大约 5%。铪的溶解度约为 5%（原子数分数）。高温时锌的最大溶解度不到 4.4%，在室温时小于 1.8%。镓的最大溶解度是 12.5%（原子数分数），但在室温时小于 8%。锆原子的尺寸与钚很接近，它在 δ-Pu 中的溶解度达到 70%（原子数分数）。锆在 γ-Pu 中的溶解度约为 2%～3%（原子数分数），而在 β-Pu 中约为 3%（原子数分数）。除了上述的合金化元素以外，其他的稀有元素如钪、镝、铒、镥等可用来形成室温下的亚稳定 δ 相固溶体合金。

实验发现一个含 3.5%（摩尔分数）Ga 的箔片样品暴露在实验室的空气中，连续观察了两年半没有发生显著的变质。类似的，如果 Al 和 Ga 的加入量足够多，则其抗腐蚀效果很大，而 Ce 的效果很小（因为纯 Ce 本身对潮湿空气的抗腐蚀能力就很低）。

6.3　钚的核性质

6.3.1　钚的衰变特性

具有放射性的原子核都不断放射 α 粒子（He 的原子核）或 β 粒子（和电子相同的高速运动的粒子），变成更稳定的新粒子，这种现象称为放射性衰变。钚的大多数同位素是 α 粒子发射体，少数同位素是 β 粒子发射体。质量数低于 ²⁴⁴Pu（最稳定的同位素）的同位素，主要的衰变方式是自发裂变和 α 衰变，衰变产物通常生成铀和镎的同位素。如^{232}Pu、^{233}Pu、^{234}Pu、^{235}Pu、^{236}Pu、^{238}Pu、^{239}Pu、^{240}Pu、^{242}Pu 和^{244}Pu。半衰期从最短的^{233}Pu 的 20 min 到最长的^{244}Pu 的 8.08×10^7 年。其他以 β 衰变为主要衰变方式，衰变产物多为镅。如^{241}Pu、^{243}Pu、^{245}Pu 和^{246}Pu。表 6 - 4 给出了主要钚同位素的衰变特性。

表 6 - 4　部分钚的同位素的放射性衰变特性

同位素	半衰期/年	衰变模式	衰变能量/MeV	衰变热/(W·kg^{-1})	放射性比活度/(10^{13}Bq·kg^{-1})	自发裂变中子/(g^{-1}·s^{-1})
^{238}Pu	87.74	自发裂变中子 2600/(g·s)	204.66	560	64.38	3420
		α 衰变^{234}U	5.5			
^{239}Pu	24100	自发裂变中子 0.022/(g·s)	207.06	1.9	0.2294	0.03
		α 衰变^{235}U	5.157			
^{240}Pu	6500	自发裂变中子 910/(g·s)	205.66	6.8	0.851	1380
		α 衰变^{236}U	5.256			
^{241}Pu	14	自发裂变中子 0.049/(g·s)	210.83	4.2	412.55	
		β 衰变^{241}Am	0.02078			
^{242}Pu	373000	自发裂变中子 1700/(g·s)	209.47	0.1	0.0148	2300
		α 衰变^{238}U	4.984			
^{244}Pu	8.08×10^7	α 衰变^{240}U	4.666			

6.3.2　钚的裂变性

钚的同位素具有可裂变的性质。当 1 个^{239}Pu 的原子核俘获一个中子时，它裂变成 2 个大小大致相等的原子核，并释放出大量的能量，引起链式核反应，平均放出 2.5～3 个中子和 200 MeV 的能量。1 kg 钚裂变所释放的能量相当于 2×10^7 kg TNT 炸药所产生的能量。裂变时，同时进行 γ 辐射和瞬发快中子的发射。裂变碎片和裂变产物引起缓发中子发射和 β、γ 辐射。

各种钚同位素都能自发裂变。其中^{240}Pu 自发裂变产生的中子会造成核燃料提前点火和发热，从而使核武器威力降低甚至失灵。所以武器用钚的质量标准将^{240}Pu 在钚中的含量分为 3 个不同的级别：武器级钚，^{240}Pu＜7％；燃料级钚，^{240}Pu＞7％～18％；反应堆级钚，^{240}Pu＞18％。有时还定义^{240}Pu＜3％的钚为"超级钚"或"武器用钚"。实际在核武器中，目前常用的钚级别为^{240}Pu＜6％(5％～6％)。

6.3.3　钚的临界性

将在一定条件下实现自持链式反应所需裂变材料的最小质量定义为临界质量。含有临界质量的系统称为临界系统。当钚的数量达到临界质量时将发生链式反应，发射出致死量的中子和 γ 辐射，即产生临界事故。在反应的极短时间内释放出大量的热，可能发生接近于爆炸的危险。

临界质量与系统中中子的产生、吸收和泄漏等因素及裂变材料的密度有关。如 α-Pu（密度为 19.4 g/cm³），裸球临界质量为 10 kg，δ-Pu（密度为 15.7 g/cm³），裸球临界质量为 16 kg。临界质量与系统的结构材料、中子慢化材料及其几何配置有关。表 6-5 给出镀反射层厚度对钚球临界质量影响的数据。从表中数据可知，钚球的临界质量随反射层厚度的增加而降低。在武器设计中尽量考虑这些因素，以降低临界质量。20 世纪 90 年代，美国研制的核武器每个弹芯中 ^{239}Pu 的用量约为 3～4 kg。

表 6-5　α-Pu 球体的临界质量（密度＝19.25 g/cm³）与镀反射层厚度（密度＝1.84 g/cm³）的关系

临界质量/kg	反射层厚度/cm	临界质量/kg	反射层厚度/cm
2.472	32.0±4.0	4.664	8.17±0.03
3.217	21.0±1.0	5.426	5.22±0.02
3.933	13.0±0.01		

6.3.4　钚的放射性

钚是放射性很强、毒性极大的物质，半衰期又相当长，对人危害很大。主要危害是钚进入体内，α 粒子引起的内照射，其次是中子和 γ 射线引起的外照射。

^{239}Pu 是放射体，α 粒子的平均能量是 5.16 MeV；在空气中的射程为 3.7 cm；在人体组织纤维中射程为 40 μm；物理半衰期是 24100 年；放射性比活度是 $2.29×10^{12}$ Bq/kg，1 μg ^{239}Pu 放射 α 粒子的速率是 $1.37×10^{5}$/min；存在轻元素时，会产生（α，n）反应，放射出中子；含有 ^{240}Pu 时，将有 X 射线和 γ 射线产生，而 ^{239}Pu 发射的 X 射线和 γ 射线很少。

1. 内照射

钚可以通过吸入、吃（饮）入、从破伤皮肤的渗入和裸手吸收 4 个途径进入体内。α 粒子对人体会造成严重损伤：α 粒子有高离子化作用，可以损伤接近 α 粒子周围的大量细胞；被吸入的 ^{239}Pu 约有 20% 沉积在造血器官——骨髓内；钚的生物半衰期约为 200 年，钚一旦进入，消失很慢，50 年内可排出原来吸入的 17.6%。

2. 外照射

引起外照射的主要是自发裂变中子、（α，n）反应中子、X 射线、γ 射线和 ^{241}Pu 产生的 β 射线。α 粒子在体外是无害的，因为它的射程很短，在空气中的射程为 3.7 cm，水中为 40 μm。由于粒子的穿透力差，对外照射不起作用。

6.3.5　钚的自辐照效应

钚的大多数放射性同位素都是 α 粒子发射体。不稳定的钚衰变为两种带能量的核素点，即 α 粒子和反冲铀核，铀核的反冲能量约为 86 keV，α 粒子（He⁺）的能量约为 5.14 MeV，衰变时间低于 1fs(10^{15} s），它们通过晶格散发出自身的能量，生成相当量的氦和造成钚内部损伤，这是钚固有的自辐照效应。

　　有研究者用图解的方式描述了钚的自辐照效应。图 6-2 简明地表示出经过不同时间和不同距离发生的整个复杂核变化过程后，金属钚中累积的辐照损伤。核衰变为铀核和氦核，它们以相反方向穿过晶体，当达到其射程的终端时，它们开始碰撞串级，把能量和动量转换给材料的电子和原子，造成钚原子位移或使钚原子从它的晶格位置上被置换，由此产生无数个空位。被置换的钚原子最终在填隙位置上静止（正常晶格位置之间）成为"自填隙原子"。置换形成的空位和自填隙原子称为弗仑克尔对，每一次核衰变产生许多弗仑克尔对。根据钚同位素的放射性衰变特性，沃尔费（Wolfer）对氦原子和弗仑克尔对的起始累积值进行了估算，明确了武器级钚的典型的同位素组成。[239]Pu 氦生成速率按 2.66×10^{-5}/年计算，10 年内氦的含量将占 0.04% 左右。因此，钚自辐照的直接结果是形成氦和铀等衰变产物，由此造成空位聚集和自填隙晶格缺陷。

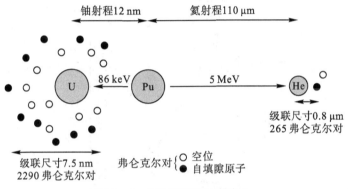

图 6-2　钚衰变和缺陷的产生

　　图 6-2 显示：钚衰变发射 α 粒子和铀核，α 粒子（氦核）带走大量能量，通过钚晶格射程为 10 μm，α 发射的结果使重铀核反冲，它携带的能量相当小，射程只有 12 nm。这两种粒子造成置换损伤的形式为弗仑克尔对，即空位和自填隙原子，它们在射程的末端占有主要优势。造成的损伤主要来自铀核，证实是碰撞串级。

　　由于自辐照产生的空位和自填隙原子扰乱了固态中原子间的相互作用，造成了晶格的软化；自填隙原子造成非常大的晶格扰乱和局部应力场，这两类损伤导致晶格有效原子体积的改变。在绝大多数金属中，这些缺陷将影响材料的宏观性质：如弹性常数、密度、晶格参数、电阻、强度和塑性。

　　在多种金属中进行了氦与空位结合以及氦从空位分离的扩散研究，结果表明氦与金属不能键合，在金属中的溶解度极低。预计钚随着放射性衰变，带能量的氦核通过晶格很容易扩散，直至被空位捕获为止。氦和空位将聚集和迁移，形成氦泡。辐照诱导晶格损伤和氦原子的存在，两者共同影响空位的增长。准确预测钚的空位肿胀在目前尚不可能，因为缺乏空位和自填隙原子松弛体积的基本知识。沃尔费认为钚的宏观肿胀是由氦泡引起的。他估计：在 $-30 \sim 150$ ℃温区，经 $10 \sim 100$ 年后，[239]Pu 的 δ 相合金空位开始肿胀。一旦开始肿胀，其肿胀速率约为每 10 年肿胀 1%～2%，该值与别的 fcc 金属的肿胀速率相同。比较氦泡形成引起的肿胀与空位肿胀，空位肿胀更为重要。

在役和非在役核武器中钚部件都存在老化问题，引起钚老化的主要原因之一是钚的自辐照效应。美国能源部的武库研究与管理计划是为了在没有地下核试验的情况下，确保核武库的长期安全性和性能，计划要加强对钚材料的认识，着重研究老化机理及老化对部件性能的影响。美国劳伦斯·利弗莫尔国家实验室利用透射电子显微镜（TEM），在原子水平清楚地观察了钚金属的显微结构。但是对老化后的钚样和新钚样之间进行对比观察后，并没有发现明显的区别。可能的原因是，在室温下损伤和退火之间存在复杂的相互作用，即损伤的产生与损伤的修复是同时进行的，所以很难在室温下观测到损伤。一般钚的自辐照损伤实验多数是在低温下进行的，实验中产生的微小损伤在随后的退火中观测到缺陷的迁移和损伤晶格的修复。有报道的典型退火实验结果表明：在 100 K 就可去掉部分损伤，而绝大部分是在室温下去掉的，图 6-3 显示了自辐照损伤的修复实验结果。

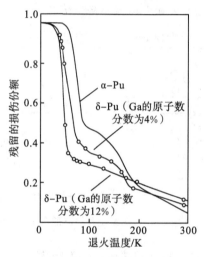

α-Pu 样品在 4.5 K 保持 640 h；Pu-Ga(原子数分数为 12%)
合金保持 665 h；Pu-Ga(原子数分数为 4%)合金保持 920 h。

图 6-3　自辐照损伤的修复

自辐照损伤的一般观测结果表明，至少在 40 年内不会有大的宏观性质改变。但目前提出使核部件的贮存寿命大于 40 年，除了对钚的特异性质和微观结构需要进行深入了解外，还亟需对钚在室温下的自辐照损伤进行实验观测。若测定几十年的影响，必须要建立加速损伤过程的方法，有可能在较短时间内观测晶格损伤对性能的影响。目前提出的较好方法是在钚中掺杂少量[238]Pu，[238]Pu 的衰变活度是[239]Pu 的 280 倍，因而可加速氦核的累积和辐照损伤速率。由于过程的加速，将有助于在几年内获得钚的老化数据。但还要考虑辐照损伤速率的加速老化引出的其他问题：①热能的消散和实验辐照温度的控制；②剂量率对空位核化缺陷结构形态演变的影响，以及剂量率对空位肿胀过渡期的影响。总之，加速老化是一种可行的方法，但影响因素很多，需要在实验中不断探索和确定。

6.4　钚的管理

从室温到 640 ℃ 的较小范围内存在 6 个同素异形体，各相性质相差很大。同时，钚还存在自辐照效应、自燃性和毒性等。因此，钚的加工、贮存和运输难度都很大。

6.4.1　钚的自燃性

钚的自燃性是钚生产和贮存过程中的主要危险之一。从 1944 年开始生产钚，到目前为止已发生很多次钚的燃烧事故。从 20 世纪 50 年代初到近期对钚的自燃性已进行了较全面系统的研究。

自燃是指某种金属在自持的氧化反应中着火和燃烧的可能性。金属的自燃性质通常是用着火温度(燃点)来定义的。燃点是在给定条件的自持方式下金属着火和燃烧的温度。燃点与氧化反应产生的热平衡有关，热量由于向周围传导而损失。随着温度升高，热加速氧化速率，使发热速率急剧增加。当在某一温度下，试样中热量产生的速率远大于它向周围散热的速率时，反应就变成自持反应，则发生着火，这一温度就是着火温度(燃点)。

由于钚具有放射性和毒性，对其自燃性的研究就更为重视。主要用燃烧曲线法来测定它的着火温度。影响着火温度的主要因素是试样的比表面积、环境的气体组分和试样的表面状态。比表面是影响着火温度的主要因素。钚的着火温度随试样比表面积的增加而下降。钚金属粉末或切屑，接近 150 ℃ 即可着火，如果共存有自燃化合物氢化钚或三氧化二钚，在室温就可自发着火。比表面积小于 $1 \ cm^2/g$ 的大块金属的着火温度高于 400 ℃。具有较高着火温度的大块钚金属还未发生过火灾，故认为块状钚不自燃或不能自身着火。在钚金属加工场所已发生的严重火灾中，其自燃源主要是钚屑、车屑和铸渣材料。

6.4.2　钚的毒性

钚对哺乳动物影响研究包括 Ⅲ、Ⅳ 和 Ⅵ 价氧化态的钚及裂变产物的食入、摄入、胃肠外注射途径及广泛的组织分析(许多研究表明，钚不通过皮肤摄入)。由于对钚的管理比较严格，目前，钚造成的有害健康的证据比较少。流行病学研究未能明确地证明低水平的钚摄入量对这些工人的不利健康效应(包括癌症)，且未能表明接受较高内照射剂量的工人患特定癌症的风险略微过高。总的说来，钚在历史上，未对职业工人和公众造成损伤。仅有的明显伤害事例来自于少量的临界事故。

虽然 Pu 的内照射事例数很少，但在动物实验中已观察到了靶器官中的癌症和不利的健康效应。^{239}Pu 的剂量可使实验室动物的寿命缩短。老鼠受到小于 1/1000 的急性有毒剂量(约 $1 \ \mu g/kg$)后没有发病效应，而给狗注射的 $0.26 \ \mu g/kg$ 的剂量使骨癌的发病率从 1/10000 增大到了 1/3，并使其寿命缩短了 14%。虽然这些研究结果用于估计人的健康风险，但所研究的照射水平比人的照射限值大数百至数千倍。在正常照射条件下，甚至在大多数事故条件中，照射水平远远低于将会立即损伤组织的水平。从钚发射的 α 粒子能量很高，但它们也是穿透力不强的重粒子；因此，组织损伤高度局部化。从大多数 Pu 同位素

发射的 $4\sim5$ MeV 的 α 粒子的范围仅约为 $40\ \mu m$，这取决于组织的类型。因为能量沉积的范围小、浓度高度局部化和 Pu 同位素的半衰期很长，所以对长期慢性毒性的担心比立即的急性毒性大得多。在照射与肺和骨中实体肿瘤的潜在形成之间预计有大约 20 年的潜伏期。

钚对哺乳动物的毒性不只有放射毒性，也可能具有化学毒物学效应。钚在哺乳动物中的分布和许多研究的结论一致表明，Pu 主要沉积在骨和肝中，且在这些组织中可滞留许多年。较小的一部分钚可存在于血液和淋巴系统中。通常，Pu 的单体络合物将会使大约 70% 的 Pu 沉积于骨骼中，大约 30% 的 Pu 沉积于肝中。新陈代谢活动、肝中的细胞更新和骨中的组织再构，可使 Pu 从老结合位置迁移至新结合位置。在 Pu 进入生物体内时，可形成胶体氢氧化物。当吸入是摄入途径时，粒子状 Pu 滞留在肺中。根据化学相似性和在哺乳动物中的分布数据，可以认为生物系统中的 Pu 与 Fe 的生物化学性质相近。

钚本身的化学毒性并不那么大，而电离辐射能力方面较强，一旦侵入人体，就会潜伏在人体肺部、骨骼等组织细胞中，破坏细胞基因，提高罹患癌症的风险。而且这一放射性元素的半衰期很长，在处理上更为困难。目前，去体内除钚的方法从 Pu 促排剂的研究转向了对 Pu 的亲和力较大且不新陈代谢的配位体。通过服用专门的螯合剂通过尿液或胆汁迅速和定量排出的 Pu 络合物。

6.4.3　钚腐蚀样品的操作

钚是剧毒、具有强放射性和自燃性的化学性质活泼的材料，这些特性给制备、加工、运输和贮存增加了很多困难，并可能给操作人员带来很大危害。

操作钚的主要危害是有可能吸入金属微尘。对人体的外照射来说，小样品的放射性不是一个严重的问题；但是只要吞入少量金属，就有可能成为体内的永久性积累。对这个积累规定的允许限度为 $0.6\ \mu g$，约相当于 0.04 微居里的放射性。由于钚金属的剧毒性，要求对生产操作中的粉尘和烟雾进行密封，所以钚腐蚀样品的机械抛光要在手套箱内进行。但是在一定条件下，钚金属也可以以更方便的方法进行操作。人体直接与金属接触在任何条件下都是不允许的，但是，在适当的、小心的操作和有足够通风的条件下，可以在敞开的实验室中观察干净的样品。和天然铀不同，钚的化学毒性与它的放射性引起的危害相比较是不重要的。钚是一种亲骨性物质，在生物组织内，它的 α 粒子射程为 $30\sim40\ \mu m$。钚的生物学损伤主要是妨害血细胞的形成。

减少工作人员受污染有两种途径：第一，个人需要穿戴防护服，在实验室内禁止抽烟和穿布底鞋；第二，操作钚时必须带医用橡皮手套。这种穿戴在某种意义上说，只能认为是减少污染传播的一种措施。必须经常更换防护服，特别是橡皮手套要经常更换，以避免污染传播到直接工作区以外。吸入钚气溶胶或细小分散的 PuO_2 粉尘（或其他化合物），就好像吸入慢性照射源一样。

对制备和称量钚样品的每个实验室的空气，要在规定的工作时间内连续取样。通过滤纸抽吸空气样品，待滤纸上的天然放射性衰变之后进行测量。对于近乎完全暴露在更高污染空气中的工作人员，需要戴呼吸保护器或使用供给空气的设备，以减少吸入放射性气溶胶。在一段时间里，有人持有这样一种见解，即认为由于 α 粒子的内部轰击作用，使金属或氧化物分成为一些极小的微粒，并传给微粒以动能，结果促使污染传播。因此，曾力图彻底了解这个过程。把若干钚样品分别放在铂舟中，贮存在一个天平箱内，并每日称量。仔细地观察了三年，没有发现有任何污染。放置铂舟的玻璃板仍然如天平箱一样是干净的。这些实验结果和日常金相观察中的经验都表明，在这些实验过程中引起空气或表面污染的可能性是很小的。

6.4.4　钚的贮存

钚的长期贮存是困难的，如贮存 3～5 年以上时，使用前需要进行再处理。这是由于受到严重氧化或镅含量增高使材料的 γ 放射性增强的缘故。块状钚对于干燥空气相对来说是惰性的，所以比较容易贮存和操作。然而，湿气会加速腐蚀。洛斯-阿拉莫斯的经验表明，贮存和操作钚的最实用的气氛是流通的干燥空气。企图把金属密封或减少氧的来源来防止腐蚀，似乎都是因为残留的湿气而加速了腐蚀。因此，如果水蒸气有接触金属的任何可能，则宁可把切屑和金属碎块贮存在空气中，而不贮存在惰性气体中。自由流通的空气对减小腐蚀作用比静态空气有效，但是实际上常不好解决，因为，为了防止放射性污物的散布，通常要把金属包装起来。

钚或铀贮存在惰性气体中观察到的严重腐蚀问题尚未解决。在这种情况下，主要的氧化剂是湿气，它的来源可能是：①包含在惰性气体中的少量湿气；②吸附在钚表面上的，更重要的是吸附在容器和有关设备壁上的湿气；③被干燥剂（如硅胶）吸收，但随后铀释放出来的湿气；④通过塑料袋扩散出来的湿气（常用在塑料中结合剂和增塑剂可能是另外的供湿因素）；⑤通过质量不好的包覆物和容器进入的湿气。有可能存在一个化学反应链，使残存的微量氧全部耗尽。这样一个反应链在腐蚀过程中会形成一种氢化物，它氧化时放出氢，因此又形成了更多的氢化物。

在氧含量很低的气体中，已经观察到铀或钚的严重腐蚀，这仍然是一个有待深入研究的问题。但是，这个实践的经验还是明确的：大量氧的存在，反而比惰性气体更能大大减少块体钚的腐蚀。

金属钚的着火行为类似于铀，但比较不易预测。因此，在操作大量钚时，要预先采取措施。有段时间，有人曾建议将几种二元和三元钚合金用在反应堆中，但后来由于考虑着火问题而对其能否安全使用产生了一些怀疑。如果钚或钚合金长期贮存在封闭容器中，则在钚样品上，特别是在某些钚合金样品上可能形成易燃产物。当打开容器时，自燃可能随即发生，其结果常常使容器毁坏，并使金属氧化物通过手套箱和排气系统而散布开来。

曾有人试图把金属块贮存在冷冻器中以减少氧化速度和尽可能减轻自热影响，但是，某些实验已经证明，没有干燥剂的存在，样品将受冷冻器中很高的相对湿度的作用，而比贮存在室温时的氧化更为严重。合金化有可能提高钚的耐腐蚀能力，但是对钚燃料元件还必须包壳，以便在反应堆中使用时防止裂变产物的散布。主要原因是在缺陷处容易形成腐蚀产物（PuH_{2+x} 和氢氧化物），因其密度较低，故能造成足够的内部压力，而使钚表面镀层出现鼓泡。

习　题

1. 钚从室温到熔点范围内存在哪几种同素异形体？

2. 钚与水汽的反应机理是什么？

3. 如何生产制备^{239}Pu 和^{238}Pu？

4. 钚材料长期贮存后发生老化的原因是什么？

5. 操作钚试样应注意哪些事项？

第 7 章

聚变材料

核聚变，又称聚变反应或热核反应，是由质量小的原子核在一定条件下（如超高温和高压），结合成较重原子核的过程。这里的质量较小的原子通常指的是氕、氘、锂等，又称为"热核燃料"或"热核材料"。核聚变实现条件苛刻，特别是受控核聚变还面临许多材料等方面的难题，仍有漫长艰难的路程，作为未来解决人类能源需求的终极方案，激发着科研人员不懈探索和研究。本章重点讨论氘、氚及氘氚化锂的一些特性。

7.1 氚

7.1.1 氚的发现与历史

最轻的放射性核素——氚的历史可以划分为三个时期：第一个时期——氚的发现及物理-化学特性的测定（1934—1950 年）；第二个时期——自然界中氚含量和各种体系内氚测定方法的研究（1950—1965 年）；第三个时期——获得氚、合成氚化物和探讨应用氚及氚化合物方法的研究。近年来继续对所有可能体系来研究氚的物理-化学特性，并在不断改进氚的定量测定方法。

氚的发现，无疑是与索迪（F. Soddy）对同位素的发现紧密联系着的。19 世纪末，由于放射性的发现，他不仅从自然界中找到钍、镭、锕等新的放射性元素，而且还从含这些放射性元素的矿物中，分离出了一个又一个的新放射性元素，如铀、镭、锕等放射性元素。到 1902 年，被分离出来并研究过的放射性元素已达 30 多种。人们对这些放射性元素进一步研究发现，一些放射性不同的元素，在化学性质上却完全相同。正是根据这些事实，1910 年索迪提出了同位素假说，他指出：一种化学元素存在两种或两种以上的同位素变种，可能是普遍现象。接着，他陆续用不同的方法发现了大多数元素的同位素。虽然在 1919 年卢瑟福（E. Rutherford）曾预言了具有单位电荷、原子量为 2 和 3 的氢同位素，但是氢同位素的发现却花费了 10 年的时间，直到 1932 年，尤里（H. C. Urey）等人用低温蒸发液氢和光谱分析相结合的方法，在氢原子光谱中发现，在靠近巴耳末（Balmer）线的位置有两条微弱的新谱线。其位置正好同预期的质量数为 2 的氢同位素的谱线一致，导致了重氢的发现。由于质量数为 2 的氢同位素特别重要，因此它获得了单独的名称"氘"。就在这时，有人也曾推测到有可能存在着另一种质量数为 3 的氢同位素。但是，当时还不能断定，在^{3}H 和^{3}He 这两个同量异位素中间究竟哪个是稳定的。因为那时，它们既没有被探测发现，也没有被分离出来。

早期美国一些学者认为质量数为 3 的氢同位素将是稳定的核素，企图在天然的氢同位素混合物中找到它，于是对被浓缩的氘制剂进行了氚的寻找，但是，初期的工作没有获得成功，原因是实验时所采用的方法不当。1934 年卢瑟福等人研究用加速器的氘核轰击氘靶。实验中观察到了 3 MeV 的中子，及数量相等、在空气中射程不等且带一个单位正电荷的两组荷电粒子。一组是普通质子，在空气中射程为 14.3 cm；另一组质量较大，在空气中射程仅为 1.6 cm，而且两种粒子的数量是相同的。为了解释这一结果，卢瑟福提出可能发生下面两类核反应：

$$^2H+^2H \longrightarrow ^3H+^1H+Q \tag{7-1}$$

$$^2H+^2H \longrightarrow ^3He+n+Q \tag{7-2}$$

这两个反应过程的概率实际上是相同的。卢瑟福等人的工作，发现了氢的同位素氚和氦的同位素^{3}He，同时也是人类第一次发现轻核的聚变反应。

1935 年，一些人对氢同位素的名称提出了建议，考虑到氢同位素效应最大，因而对氢的两种较重的同位素分别采用不同的名称是恰当的。质量数为 2 的同位素已获得了单独的名字，因而质量数为 3 的氢同位素被命名为氚，其符号为 T。

在发现氚以后的一段时间里，一些人认为氚是稳定的核素并且应当以不大的浓度存在于自然界中。卢瑟福利用自己巨大的影响力，说服了当时世界上唯一的一家重水厂与他合作，电解了十几吨的高纯度重水，然后将浓缩产物送到实验室用最灵敏的质谱仪进行了分析，希望找到 T 的踪迹，但未获得成功。直到 1938 年，邦纳（T. W. Bonner）在理论分析的基础上分析认为，如果一个核的质量大于门捷列夫元素周期表中下一个格中的同量异位素的质量时，那么该种核素相对于电子辐射将是不稳定的。当时的实验资料已经证明，氚核的质量大于^{3}He，而^{3}He 是稳定的，并以低含量在自然界中找到。因此，认为 T 是不稳定核素，半衰期较长，衰变方式为

$$T \longrightarrow ^3He+\beta^-+\bar{v} \tag{7-3}$$

1939 年阿尔瓦雷茨（L. W. Alvarez）等人从实验上证实了氚为放射性核素，测定了氚的放射性能量。按照他们的数据，氚的半衰期应当是稍大于 10 年。尽管同地质年代比较，氚的半衰期是十分短暂的，但是大气和天然水中却存在着氚。1948 年莉比（W. Libby）决定重新探索天然氚的存在，他有幸得到了 14 年前卢瑟福电解重水的样品，此时他没有用质谱仪来分析，而是通过盖革（Geiger）计数管测量样品的放射性，结果发现样品的放射性非常强。就这样莉比确立了天然氚的存在。

现在我们知道，氚与另外两种同位素最大的区别在于它有放射性，衰变出 β 粒子后，生成^{3}He。衰变的半衰期为 12.3 年，β 粒子的能量差别很大，最大能量为 18.9 keV，β 粒子的平均能量为 5.69 keV。β 粒子在空气中的最大射程为 4.5～6 mm。由于氚有放射性，可以用不同手段测量它的存在。利用氚的 β 辐射可测定氚在金属中存在的位置，用闪烁计数器可测出液体中存在的微量氚。作为标记同位素，氚可广泛用于有机化合物。

自然界中的氚，数量微乎其微，存在于大气和水中。这种数量极其微少的氚，是由宇

宙射线中的高能质子和中子在高空大气中引发核反应产生的。所发生的核反应构成大气中氚的来源。

$$n + {}^{14}N \longrightarrow T + {}^{12}C \qquad\qquad (7-4)$$

$$n + {}^{16}O \longrightarrow T + {}^{14}N \qquad\qquad (7-5)$$

$$p + {}^{14}N \longrightarrow T + 碎片 \qquad\qquad (7-6)$$

如果假定，随着氚的生成，它全部转移到大洋和大陆的水中。那么，在水中氚的浓度，相当于地球表面每平方米上在 1 s 内，平均形成 1400～2500 个氚原子。自然界岩石圈及水圈中也会形成氚。在岩石圈中，当中子同锂的轻同位素核按以上反应相互作用时形成氚。在矿物中，尤其是在 $LiAl(SiO_3)_2$ 矿物中，发现氚的衰变子体 ${}^3He$。到 1954 年第一次热核爆炸以前，在地球上大约有 2 kg 的天然氚，其中约 10 g 停留在大气中，13 g 存在于地下水中，其余的绝大部分则在大洋水中。法尔曼(E. L. Firemen)研究了返回地面的卫星包壳和陨石中氚的含量。氚在陨石中的含量同由初级宇宙辐射作用下应当产生的相一致。但也发现返回的卫星材料中氚的含量比宇宙射线作用下能产生的量要大许多倍，这可能与太阳中热核反应进行程度的起伏有关。

氢的同位素核是核电荷最小的核素。因此，在核力作用距离上对它们靠近时，不需要很大的能量。当用氢的同位素 ${}^1H$、${}^2H$ 和 ${}^3H$ 合成较重的核时，总是伴随着静止质量亏损，并且释放能量的核反应。当轰击粒子能量为几万电子伏特时，已经可以发现 D 同 T 的反应，并放出巨大能量。在物质密度和温度很高的星球里面，不断发生着剧烈的核反应过程。在地球条件下，为了和平利用核能的目的——受控热核反应所放出的能量存在着类似的过程，这是当代科学研究的重大课题。热核反应堆产生大量高能中子，这些中子与 ${}^6Li$ 反应可以完成氚的增殖过程。实际上人工生成的氚更多是在热核武器制造和试验中产生的，从试验热核武器开始，就不断地向地球的大气中抛入大量的氚。测量结果表明，核爆产生的中子与各种轻元素反应可以生成氚，氚的浓度起初由距离爆炸中心的远近而变化。但是不同距离地区的浓度很快就变均匀了，致使在地球的所有区域有氚发现。裂变和聚变反应都有氚生成，但主要是聚变反应，裂变反应生成的氚极其微小。若爆炸 1000 吨级的裂变武器，仅产生约 3.7×10^{10} Bq 的氚，聚变武器则可产生 $(1.9～7.4) \times 10^{14}$ Bq 的氚。地下核爆炸时，氚的来源主要取决于爆炸类型、当量大小、核装料成分以及周围的介质成分等。由宇宙射线所产生的氚，全球贮量约 2.59×10^{18} Bq，核试验产生的氚最高峰时为 1.15×10^{23} Bq，估计到 2030 年才能衰变到 2.59×10^{18} Bq 的天然水平。

由于裂变反应产物复杂，因此在核电站反应堆裂变棒中也发现有氚的生成。重水反应堆中由氘俘获热中子而生成氚，据估计重水堆每年氚的泄漏量为 $(55.5～1480) \times 10^{10}$ Bq。轻水堆中的氚主要来源于核燃料铀和钚核的三分裂，以及硼控制堆芯的反应和为调节冷却水 pH 值而加入的受辐照的氢氧化锂。

7.1.2　氚的物理和化学性质

1. 一般性质

众所周知，在多数情况下，同一化学元素的同位素实际上具有相同的化学性质。氚是有放射性的同位素，氚核是一个质子加上两个中子。同位素及其化合物所固有的差异称为同位素效应。这取决于质量不同，以及自旋和同位素核的其他性质的差别。一般来讲，同位素效应通常不是很大，但是，对于实现同位素的分离来说是足够的。

原子光谱中的同位素位移和同位素的质量大小相联系。氚与氢的光谱波长差可以用下式来计算：

$$\Delta\lambda = \lambda_3 - \lambda_1 = \lambda_1 \cdot m \frac{M_3 - M_1}{M_3 \cdot M_1} \tag{7-7}$$

式中，M_1 为质子的质量；M_3 为氚核的质量；m 为电子的质量。

气态氢的同位素混合物的定量分析就是基于比较相邻谱线的强度。对于分子热运动，杂乱无章的运动平均速度反比于质量数 A 的平方根。而从 H_2 到 T_2 转变时，质量则增大约为原来的 3 倍，振动和转动频率的惯性矩的差异增大。因此，这些物质的分子的性质，如密度、熔点和沸点、相应转变的潜热、扩散速度、黏滞性、导热性等也有差异。表 7-1 给出了临界温度等物理性质。从表中可以看出，随着原子量的增加，三种同位素的临界温度、临界压力增加，同样，沸点、熔点、三相点压力都在增加。原子的电离能顺序为氕＜氘＜氚，但相差很小。

表 7-1　氢同位素的物理性质

物理量	H_2	D_2	T_2
临界温度/K	33.19	41.1	43.7
临界压力/MPa	1.298	1.89	2.08
临界体积/cm³	66.95	56.7	53.7
沸点(标准大气压下)/K	20.39	23.67	25.04
熔点/K	13.98	18.7	20.16
三相点压力/kPa	7.142	17.02	21.58
体积(液)/(cm³/mol)	26.01	23.14	21.90
体积(固)/(cm³/mol)	23.25	20.48	19.24

2. 同位素水的性质

在大多数情况下，氚的氧化物与氕水、氘水的物理和化学性质很相近。但随着水的同位素分子质量的增大，同位素水的物理学和热力学常数平稳地改变。当从 H_2O 通过 HDO、D_2O、HTO、DTO 到 T_2O 转变时，电离度、黏度、离子迁移率、溶解度等的变化相当明显地表现出来了。在水的同位素变体的正常振动频率及力常数方面观测到重大的差异。目前，在非简谐振子和非刚性转子的近似方面，已经获得 H_2O、D_2O 和 T_2O 的很可靠的热力学函数值。T_2O 的密度与温度的关系可用以下方程式描述：

$$\rho = 10^3(1.213124 + 2.9129 \times 10^{-4}t - 1.1954 \times 10^{-5}t^2 + 5.301 \times 10^{-8}t^3) \tag{7-8}$$

式中，t 为温度，℃。T_2O 在 13.4 ± 0.1 ℃ 的情况下达到最大密度值为 1.21502×10^3 kg/m³。

显然，氚水的密度大大超过了天然水的密度。定性地讲，重型水的密度对温度的依赖关系同普通水是一样的。但是，当温度为 11.2 ℃ 时 D_2O 的密度最大，氚水则是在 13.4 ℃ 时最大，而氕水是在 3.98 ℃ 时密度最大。这意味着，在相同温度下所形成的结构分子（参加氢键）的分数，重水的比普通水的大。重水结构牢固性提高的原因应该是破坏氢键的断裂能较大，蒸气压差异也说明了这方面的问题。

T_2O 的蒸气压用下方程式描述：

$$\lg P = 7.9957 - \frac{1654.9}{T-51.61} \tag{7-9}$$

式中，T 为温度，K。不同温度下重型水和轻型水的蒸气压关系如表 7-2 所示。

表 7-2　在对照温度下重型水和轻型水的蒸气压比值

$t/℃$	$P_{(T_2O/H_2O)}$	$P_{(HTO/H_2O)}$	$t/℃$	$P_{(T_2O/H_2O)}$	$P_{(HTO/H_2O)}$
10	0.791	0.889	60	0.898	0.948
20	0.814	0.902	70	0.911	0.955
30	0.824	0.913	80	0.924	0.951
40	0.864	0.930	90	0.936	0.967
50	0.882	0.939	100	0.945	0.972

氢的同位素质量对范德瓦耳斯键和氢键断裂能有一定影响。重同位素物质中分子间振动能总是小于轻同位素。当用氘和氚取代氢时，振动频率的降低，会引起氢键断裂能的减少。液相中分子的非平面变形振动频率和分子振动频率的降低，以及相对于气相中的内部被抑制旋转轴的羟基惯性力矩的增加，全都会引起这种能量的增大。当用氘或氚取代氕时，氢键的断裂能增大，就是说，氢键的牢固性按照 H→D→T 的顺序增大。

自然界水中的氚几乎都是以 HDO 形式存在的，如何将其转化为 D_2O，即如何从普通水中提取重水。同样需要从重水中提取氚，将氚水 HTO 转化为 T_2O，方便回收氚。这些过程涉及氢同位素和同位素水的交换反应，按照排列组合的方式可以有以下九种：

$$H_2O + HD \rightleftharpoons HDO + H_2 \tag{7-10}$$
$$H_2O + HT \rightleftharpoons HTO + H_2 \tag{7-11}$$
$$D_2O + DT \rightleftharpoons DTO + D_2 \tag{7-12}$$
$$HDO + D_2 \rightleftharpoons D_2O + HD \tag{7-13}$$
$$H_2O + D_2O \rightleftharpoons 2HDO \tag{7-14}$$
$$DTO + T_2 \rightleftharpoons T_2O + DT \tag{7-15}$$
$$HTO + T_2 \rightleftharpoons T_2O + HT \tag{7-16}$$
$$H_2O + T_2O \rightleftharpoons 2HTO \tag{7-17}$$
$$D_2O + T_2O \rightleftharpoons 2DTO \tag{7-18}$$

上述九种同位素分子交换反应的平衡常数与反应温度的关系可以进行测定或通过热力学计算求得。其中三个反应的反应物和生成物均为水，其余六个反应的反应物和生成物均为水和氢。

7.1.3 氚与材料的相互作用

1. 氚和金属的相互作用

氚和金属的相互作用是指氚及其衰变产物 ^{3}He 与晶体中的原子和晶体内部的微观结构如间隙、空位、杂质原子以及位错等缺陷的作用。这种作用是氚、氦在金属中行为的源头。氚一般占据金属晶体的间隙位，处于间隙位置的氚在金属中的原子态可用位置、波函数和振动能量来表征；氚的衰变产物 ^{3}He 可看作是进入晶体中的外来杂质原子。氚和金属的相互作用与氢和金属的相互作用是完全一样的。因此，实际考虑的是氢、氦和金属的相互作用。

氚与金属的相互作用是从氚原子进入金属开始，氚在金属中的位置、状态及数量不同产生的效应亦不同。通常按照气-固反应原理，氚在金属表面上存在物理吸附、化学吸附，然后溶解并扩散进入金属内部。具体过程为：首先，气态氚分子通过无规则热运动与金属表面发生碰撞，由于金属表面原子配位数不饱和，与氚相互极化产生分子间引力吸附，即物理吸附；吸附的氚分子受固体表面能作用分解为原子，此时氚原子的外层电子与金属原子的电子相互作用形成化学键，即化学吸附；吸附的氚原子受各种力的作用常常在金属晶格间隙、晶界、相界或缺陷等处偏聚，表层的氚原子或离子会通过扩散逐步向金属的深层迁移；扩散到气孔、微裂纹等缺陷中的氚将结合成分子态存在，这种氚可以达到相当高的压强，这是目前材料吸氚后脆化（氢脆）的公认机制。氚溶解于 V、Nb、Zr、Ti、Ta、U 等金属或合金中时，溶解的氚超过其固溶度时就会形成氚化物。金属氚化物形成时引起的晶格膨胀也是氢脆的机制之一。

氢原子在不同金属表面的化学吸附能是不同的，氚原子在金属表面化学吸附能为负，属放热反应。这意味着在金属表面的外边，总可以找到优化电子密度的位置，在这种位置的氚原子与金属有较大的结合能。当氚作为间隙原子溶解于金属晶格中时，其 1s 电子部分和金属的 p、d 状态轨道混合，但并没有完全转移到导带，因而可认为氚是以原子状态存在的。但也有人认为，氚进入金属后其外层电子与金属的最外层电子共同构成导带，即氚变为正离子存在于电子的海洋中，这种情况在过渡族金属中较为常见。实验值表明随着过渡族金属系列原子序数的增加化学吸附能似乎呈线性增加。这一趋势表明随着过渡族 d 轨道电子填充数目逐渐减少，氢的 1s 态与金属的 d 态发生键合的相互作用越来越明显。而氚与碱金属、碱土金属作用形成氚化物时，氚与金属元素是以化合价配比结合的，此时氚是以负离子形式存在的。

氚原子进入金属体内之后，没有它在金属表面外边那么自由。氚同间隙位的作用产生一种以排斥力占优势的力，它将最邻近的格点原子向外推开，致使晶格体积膨胀。但是对于碱金属，其间隙位电子密度低于优化电子密度，这样氚与碱金属间隙位的作用力以吸引力为主，从而使晶格具有塌缩的倾向。

氚原子在金属中的溶解是由自由态转为间隙态的过程，溶解热是间隙位电子密度的函数。间隙原子的平衡晶格位置显然是由电子密度力求尽可能低的要求确定的，所以通常认为氚在 fcc 晶体中总是占据八面体位，而在 bcc 晶体中占据四面体位，这与实际观测结果一致。当间隙位氚原子在晶格中运动时，沿扩散路径势能的变化反映了电子密度的变化，空隙较多的结构(氢原子通过的区域电子密度低)比密堆积结构(区域电子密度高)有更高的扩散系数。这就解释了氚在 bcc 金属中的扩散何以比在 fcc 金属中的扩散快得多。实际分析时还应考虑晶格弛豫作用对扩散过程的影响。

对于大多数金属间隙位电子密度比优化电子密度要高，任何能导致电子密度减小的微观结构都可以作为氚原子的陷阱。金属中有多种类型的缺陷存在，缺陷的空隙越大，它们对氢原子的捕陷越强。位错和堆垛层错对氚有较小的捕陷能，而空位和空洞对氢的捕陷能较大，它可牢牢地捕集氚。在空位或空洞中，缺陷中心的电子密度实际低于优化电子密度，因此氚原子在这种多空隙的缺陷中(类似氚原子在金属表面化学吸附)。所以氢原子与空位或空洞作用的捕陷能接近溶解热与化学吸附能之差。

另一个要考虑的方面是氚对金属辐照产生的损伤。氚对金属的辐照效应包括氚的效应、氦的效应以及氚和氦之间相互作用的效应，这些效应不能由氢或氚对金属的作用类推出来。实验观察到长期充氚的不锈钢样品在晶界、位错以及杂质(如碳)等缺陷处出现氚和氦的偏聚及气泡形核(在金属中的氦几乎不可溶)。在高温(大于 500℃)下退火会发展为氦泡、氚甲烷析出产生的空洞或腐蚀裂纹。随着辐照时间的延长，氦在材料中的累积原子浓度增加，可观测到由于氚-氦综合效应使材料的屈服强度升高和延伸率降低。高温原子扩散速度快，容易聚集形成氦泡，从而导致氚的辐照效应比常温时要严重得多。

2. 氚和高分子材料相互作用

在过去设计的一些含氚操作系统中，阀门、泵和管道连接头的密封材料常用含氯的合成橡胶或聚四氟乙烯，长期运行的经验表明这是不安全的。我们观察到了在氚气氛下这些材料的辐照损伤以及由此造成的事故。一些用作容器密封的聚四氟乙烯垫圈工作不到两年便发生脆裂，导致氚的泄漏。涂敷在金属表面的有机胶长期受氚辐照也发生降解，失去黏结力，同时观测到有氢气放出。

研究发现，聚四氟乙烯暴露于氚气氛中会产生有强腐蚀作用的 TF 酸。若系统结构材料是玻璃，则有 SiF_4 释放；若系统中同时存在水汽和聚四氟乙烯，则会在钢制容器壁发现 TF 酸造成的应力腐蚀裂纹。高分子材料常被用作阀体的内外密封。氚的长期辐照导致材料性能降级和密封失效。原因是氚的 β 射线对有机材料产生的辐照损伤。有机材料对电离辐射相当敏感。氚衰变发射的 β 射线在常用聚合物塑料中的射程约为 $1~\mu m$，但是由于氚可以通过同位素交换或化学反应同有机材料融合为一体(由于 β 射线粒子的电离激发，同位素交换反应速度会极大加快)，所以氚的 β 射线可造成材料内部的辐照损伤。

氚对有机高分子材料的辐照效应的荷电粒子同材料共价键电子碰撞，交换能量产生电离和激发，进而造成键的断裂并形成大聚合物分子碎片。这些分子碎片可以保留断键产生的不成对电子，由此产生的自由基通过交联反应或降解反应会改变高分子材料的结构和物理性质。高分子材料发生分子解离时，如果解离产物都是低分子量分子，则生成的分子就是辐照分解的最后产物；如果解离产物是自由基时，那么自由基不是辐照分解的最后产物，其会接着发生自由基之间的复合反应和歧化反应。高分子材料的电离辐照损伤一般都有低分子量的气体产物放出，其产额同化合物种类有关。饱和化合物产生的气体最多，芳香族化合物产生的气体最少。对于饱和的碳氢化合物，气体产物是氢气和甲烷。

7.1.4　氚的应用

氚作为核科学与核技术领域应用最为广泛的核素之一，在军用、民用两方面都有重要应用，除了作为聚变燃料外，还可以用作中子发生器、氚光源、氚示踪和同位素电池等。

中子发生器是基于 $T(d, n)^4He$ 的反应，通过加速的 D 离子轰击 T 靶而产生中子。与普通同位素中子源相比，D-T 中子发生器的中子产额高、单色性好且可以产生脉冲中子。其中，T 靶是中子发生器的关键部件，按膜材料的不同可以用 Ti、Zr、Er 或合金等制成。

氚光源是利用氚制成的自发光装置，其使用寿命长（氚的半衰期 12.3 年）、光强稳定、无需电源，是黑暗条件下小视野照明的优良光源，在军事和民用领域具有良好的应用前景。可用于地铁、矿井、建筑物逃生标牌，以及各种航海、航空仪表盘，枪械瞄准器具等。发光的原理是放射性同位素在衰变过程中不断产生辐射（β 射线），这些辐射以高能粒子的形式连续不断地将能量传输给发光基体（无机荧光粉），引起材料产生发光现象。由于这种发光现象并不产生热量，所以被称为冷光。不同种类的荧光粉基体和掺杂物质可以产生各异的发光颜色。氚是目前同位素发光装置中最具优势的核素，原因包括：氚是纯 β 辐射，对荧光粉晶格结构的损伤小；衰变产物为稳定核素 ^3He，因此安全性好；氚的半衰期较长，满足长寿命光源的要求；氚的生物毒性小，且生物半衰期较短，因此泄漏危害小；最后，氚的价格相对较低。

利用氚的辐射伏特效应可以制造同位素电池，实质是利用射线对半导体材料的电离效应。电池的寿命取决于放射性同位素的半衰期和半导体换能器件在放射性同位素作用下的寿命。目前，氚辐射伏特同位素电池面临的最大问题是辐射能量密度低、能量转换效率低、辐射伏特电输出小。但是随着辐射伏特同位素电池换能器件技术成熟，氚同位素电池将得到更多、更广的应用。氚示踪技术一般是利用其 β 射线产生的韧致辐射或氢同位素性质的差异来进行检测，常用的检测设备有液体闪烁仪和核磁质谱仪。作为检测的微量群体物质的示踪剂，氚在地球物理和水文地质研究中有很好的应用。在聚变方面，氚是目前聚变反应的主要材料，除了用作热核武器聚变装料，还可利用磁约束聚变反应装置和惯性约束聚变装置使氘氚发生聚变反应，因此氚是最终解决人类能源问题的希望。

7.2　氚氚化锂

7.2.1　氚氚化锂的物理和化学性质

通常看到的氚化锂和氢化锂颜色相同，均呈蓝灰色，氚化锂呈煤黑色。这是由于制造氢化锂时氢吸收不完全或有杂质，形成了 F 色心。氚化锂的深色是由于 β 辐照形成 F 色心所致。

氢化锂属于 NaCl 型面心立方晶体。300 K 时的晶格常数：^6LiH 为 4.0851×10^{-10} m，

^{7}LiH 为 4.0829×10^{-10} m，^{6}LiD 为 4.0708×10^{-10} m，^{7}LiD 为 4.0693×10^{-10} m，^{7}LiT 为 4.0633×10^{-10} m。不同温度下计算的晶格常数略有差异。室温下，固体氢化锂密度约为 0.775 g/cm^3，比金属锂的密度高约 45%。氢化锂属于脆性材料，超声波测定室温下的 ^{7}LiH 单晶的弹性常数 C_{11}、C_{12}、C_{44} 分别为 67.5、14.8、46.2，^{7}LiD 为 69.1、15.7、47.6，单位均为 GPa。室温下 LiH 和 LiD 的热膨胀系数分别为 35.2×10^{-6} 和 41.2×10^{-6}。LiH、LiD 和 LiT 的熔点分别为 $688\ ℃$、$690\ ℃$ 和 $694\ ℃$。氢化锂的熔化热因研究者不同而有差异，数值在 22 kJ/mol 到 23 kJ/mol 之间。氢化锂的热力学参数示于表 7-3 中。

表 7-3　氢化锂的热力学参数（25℃）

物理状态	标准生成热 ΔH_f /(kJ/mol)	标准生成自由能 /(kJ/mol)	绝对熵 /[J/(mol·K)]	分子热容 c /[J/(mol·K)]	热导率 373 K /[(J/s·cm·K)]
LiH（固）	-90.56 ± 0.11	-61.89	24.7	34.7	0.106

常温下，氢化锂和干燥的氮气和氧气几乎不发生反应，但在 160 ℃ 以上时能与氮气反应生成 Li_3N。较高温度下氢化锂与氧反应猛烈，生成氧化锂并发出大量的热。常温下氢化锂粉末和空气中湿气、二氧化碳能迅速反应生成氢氧化锂（LiOH）、氧化锂（Li_2O）和碳酸锂（Li_2CO_3），并能在湿空气中自燃。当燃烧猛烈时生成的化合物中含有氮化锂。块状氢化锂与相对湿度小于 15% 的空气反应，在表面生成氢氧化锂和氧化锂；和相对湿度大于 15% 的空气反应，则倾向于生成含一结晶水的氢氧化锂。表面生成的保护膜能阻止进一步的反应。氢化锂同水反应剧烈，并放出大量热。反应方程式如下：

$$LiH+H_2O\longrightarrow LiOH+H_2 \tag{7-19}$$

室温下，氢化锂能与含有水蒸气的二氧化碳发生反应，生成碳酸锂：

$$2LiH+CO_2+H_2O\longrightarrow Li_2CO_3+2H_2 \tag{7-20}$$

氢化锂可以同一些醚（如二乙醚、二丁醚）、饱和碳氢化合物、芳香族碳氢化合物（如苯、萘）等不反应，因此除水后可作为清洗氢化锂表面的溶剂。

7.2.2　氚氚化锂的辐照效应

氢化锂是最简单的离子晶体，它有类似氯化钠的晶体结构，虽然离子晶体有较强的抗辐照损伤能力，但是氢化锂在辐照（电子或 γ 射线）作用下会发生肿胀。肿胀原因是氢化锂受辐照后产生氢气（H_2）。氚氚化锂中氚衰变产生的 β 粒子的辐射，同样会引起自身的肿胀。同时还要考虑氚的衰变产物对晶格的影响。

1. 氚氚化锂辐照损伤产物

氚氚化锂的辐照损伤产物可用下面两个表达式描述：

$$LiT\longrightarrow {}^3He+Li^++e^- \tag{7-21}$$

$$2LiH\rightleftharpoons 2Li^++H_2+2e^- \tag{7-22}$$

式（7-21）表示的是氚的 β 衰变。由于氚的衰变，在 LiT 晶体中 T 的点位处造成了一个阴离子空位，它从晶体中俘获一个电子形成 F 色心，F 色心对光吸收使 LiH 显蓝黑色。

氚的衰变产物^{3}He有约 1 eV 的反冲能，进入晶格邻近间隙位形成弗仑克尔缺陷对。在室温以上时，^{3}He与活动空位结合，并通过自捕陷发展成氦气泡。式(7-22)表示氢化锂分子在 β 射线自辐照下发生的分解，辐照后的产物有锂和半径较小的氢原子，间隙位置的氢原子与空位结合能够形成 H_2，进一步发展为氢气泡。通常用脉冲核磁共振的方法测定氢化锂辐照后的产物。用电子显微镜观察辐照过的单晶 LiH，可以发现氢气泡，这些气泡呈方形或长方形。大部分方形泡的边平行于 LiH 的(100)面，气泡的边长受辐照剂量和温度影响。

2. 氚氢化锂辐照肿胀

氚氢化锂辐照损伤的一个重要特征是显著的体积膨胀。实验表明，体胀程度与材龄、温度和氚含量有关。衡量辐照肿胀程度的量有两个，一个是线肿胀系数 γ，另一个是体肿胀系数 β，都用百分数表示。γ 的定义为

$$\gamma = \frac{L-L_0}{L_0} \times 100\% \qquad (7-23)$$

式中，L_0 是实验开始时的试样长度；L 是 t 时刻的试样长度。

体肿胀的定义因测定方法的不同分为两个。一个是用千分尺测出的值，其定义为

$$\beta = \frac{V_b(t)-V_b(0)}{V_b(0)} \times 100\% \qquad (7-24)$$

式中，$V_b(0)$ 是实验开始时的试样体积，$V_b(t)$ 是 t 时刻的试样体积，$\beta \approx 3(\gamma + 0.01\gamma^2)$。

肿胀可以分为两个阶段：第一阶段是开始时的快速增长阶段，第二阶段是线性慢速增长阶段。图 7-1 是体肿胀与时间的关系，其中在 298 K 下贮存的试样第一阶段不明显。

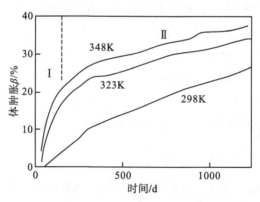

（氚含量占 45%，氢含量占 55%）

图 7-1　体肿胀与时间的关系

核磁共振的研究结果表明，快速体胀对应氚 β 辐射在晶体内会引起氢化锂分子的化学分解，分解产生的游离分子氢通过扩散聚集，形成气泡而不断长大，导致材料快速体胀。氢浓度升高到一定程度就不再增长，即辐照分解反应与复合反应达到动态平衡。在这个过程中，温度对分解反应影响比较大，当温度超过 425 K 时，分解反应开始变慢。第二阶段（低体胀速率阶段）是由氚的衰变产物 ^{3}He 在晶体内的气泡形核发展长大造成的。含氚试样的维氏硬度随着试样存放时间的增加也有变化。通常是前期增加快，后来则变慢，但在 398 K 存放的试样在后期反而变软，据说是因为这个初始氚含量为 30% 的试样长期存放后

析出较多的锂，而金属锂比较软。最后，肿胀系数与试样状态关系不大，试验发现块试样和粉末的体肿胀随时间变化的趋势几乎完全一样。

3. 辐照放气

Li(D，T)在贮存实验中除形成气泡引起肿胀外，还放出氘、氚以及^{3}He。长期贮存的试样，前期放出的主要是氢，后来才是^{3}He居主要地位。氚氚化锂释放^{3}He有明显的孕育期特征。孕育期从一百多天到几百天不等，与样品的结构、形态、含氚量、贮存温度以及样品的历史经历有关。对于新鲜样品，无论是粉末还是压制成形的构件，除表面氚衰变产生的^{3}He直接进入气相外，未观察到有^{3}He释放。孕育期内氚衰变生成的^{3}He被保留在固相中，只有在经过一段孕育期之后才开始放氦(即固相中贮存的氦达到饱和后)，放氦速率开始一直增加。Li(D，T)释放氢同位素气体的规律与放氦不尽相同，它没有明显的孕育期。试验发现样品贮存几十天后就可观测到有氢同位素气体放出。放氢的原因是氚的 β 辐照引起氢化锂分子发生化学分解，产生的游离氢在晶体内扩散，形成气泡并长大，最后逸出体外。

对比试样的肿胀和放气时间可以发现它们之间存在一定的关系，前期试样肿胀，但放气不多，后期肿胀减小，但放气增大。对辐照产物的分析发现，肿胀是由捕获在试样内的氢同位素气和^{3}He气共同造成的，只不过前期主要是氢，后期的线肿胀主要由氦造成。

7.2.3 其他金属氚化物

一些金属氚化物在氚的生产、处理以及应用中有非常重要的作用。利用这些金属氚化物可以进行贮氚、氚的抽空与增压、除氚、氚的纯化、氢同位素分离等，因此，有必要就金属氚化物的一些性质和应用作简要介绍。金属氚化物的物理和化学性质与金属氢化物的相同或非常相近，因此对金属氚化物的许多理化性质研究可用金属氢化物替代完成。

1. 金属氢化物的一般性质

氢能够同绝大多数金属元素起反应，生成金属氢化物。从反应的方式看，大致可以分为三类：

①离子型氢化物。通常是容易失去电子的碱金属和碱土金属与氢反应，生成离子型氢化物。如 LiH 和 CaH_2 等。碱金属和碱土金属氢化物中的金属原子多 hcp 晶体结构，氢离子则占据在晶格间隙内，因此离子型氢化物的密度通常比纯金属大。

②金属型氢化物。许多过渡金属与氢反应时，氢原子进入金属晶格的间隙位置，两种原子间以金属键形式结合。当氢原子进入间隙位时，金属晶格会发生膨胀，因此金属型氢化物的密度一般比纯金属小。

③共价型氢化物。元素周期表中ⅢA 和ⅣA 族里的金属元素，如 Al、Zn、Ga 等，与氢反应会生成如$(AlH_3)_n$、$(ZnH_2)_n$、$(GaH_3)_n$ 等以共价键结合的高聚物。

目前常应用的金属氚化物都是离子型和金属型氢化物。这两种金属氢化物生成的微观过程与气-固化学反应的过程相同。氢分子首先吸附于金属表面，然后离解成原子，再像溶质溶入溶剂中一样，溶入金属中形成固溶体。当金属中的氢浓度很低时，氢原子处在金属晶格中的填隙位上，形成间隙固溶体，而金属的晶体结构保持不变。金属固溶体中的氢浓度与气相氢压力的平方根成正比。当金属中的氢溶解度达到极限时，继续增加氢浓度会使固溶体向氢化物转化。化合物中的氢浓度一般比固溶体大得多。在固溶体完全转化为氢化物相前，氢化物相与固溶相会共存。此时相变时的气相压力（即氢的压力）应该是不变的。当氢浓度达到一定程度时，固溶体完全转化为金属氢化物相，这时，伴随氢浓度的增加，气相压力迅速增加。

通常用氢与纯金属的原子比表示金属中的氢浓度，即 H/M。H 表示吸收的氢原子数，M 表示金属、合金或金属间化合物的数量。

图 7-2 是典型的金属氢化物的压力-组成（即 H/M）等温线（即 $P-C-T$ 曲线）。等温线左边的部分对应于氢原子在金属晶格中的固溶体（α 相）。中间的平坦区域（α 相＋β 相）为 α 相向 β 相转变的区域，即两相共存区，由于压力几乎不变，所以也称为坪区；坪区的气相压力也不是恒定不变的，一般都随着吸氢量的增加而有所升高，即有一定的斜率。右边的部分对应于纯的金属氢化物相（β 相）。

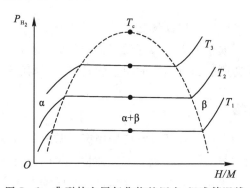

图 7-2 典型的金属氢化物的压力-组成等温线

坪区的温度与压力的关系可用范托夫（Van't Hoff）方程描述：
$$\lg P = -A/T + B \tag{7-25}$$
式中，A、B 都是常数。根据式(7-25)可以测定不同温度下反应体系的坪压。金属氢化的过程通常都是放热过程，因此温度越高对应的 $P-C-T$ 曲线位置也越高。从图中还可以看出，温度低时曲线的坪区宽，温度高时坪区窄。

金属吸氢和放氢是可逆的。如果将氢化物上方的氢抽去，氢又会从氢化物固相解吸（释放）出来。温度越高，释放越快，释放压力也越高。但是，实验证明，对大多数金属氢化物的释氢曲线与吸氢曲线并不重合，解吸氢时的 $P-C-T$ 曲线比吸收氢时的曲线低，这就是所谓金属氢化物等温线的迟滞现象。

金属贮氚和金属贮氢类似，因此可以用金属贮氢材料来代替。金属材料贮氢主要以化学吸附为主。利用金属氢化物在不同温度下有不同平衡压的特点，通过温度控制可以实现氢的可逆吸放。氢同位素在金属中的扩散速率非常快，因此，表现为材料吸氢反应迅速。而解吸时，氢同位素要从晶格中向外扩散，需加热克服一定的能垒。因此，解吸氢比吸附氢困难。金属氢化物贮氢的优点是容器体积小、质量轻、贮氢容量大，贮氢效率比液体氢或固体氢还高，同时还具有吸氢速度快、安全性好、可以重复使用的优点。

2. 常用氚处理金属氢化物及贮氢特性

各种金属氢化物都有独特的性质，不同金属或合金的贮氢性能和特点不同。

(1)铀氢化物

铀是常用的贮氢材料，其主要特性如下：贮氢密度高，低碳铀的贮氢密度约为 140 mL/g，过饱和吸时可达 170 mL/g；室温平衡离解压很低，25 ℃时的平衡离解压约为 10^{-3} Pa，430 ℃时约为 0.1 MPa；坪区较宽、平直，常温下几乎没有 α 相的铀氢化物，即没有 α 相向 β 相的转变，高温下坪区组成范围为 $UH_{0.01} \sim UH_{2.9}$；铀-氢反应时，立刻生成蓝黑色的细粉状氢化物，反复吸放氢将使铀粉进一步细化，氢化物粉末容易随气流污染真空系统；O_2、H_2O、N_2、CO、CH_4、CO 等杂质，易与铀粉反应(反应方程可以参考前面第 4 章内容)，生成氮化铀、氧化铀、碳化铀等，在高温释放氢时这些杂质无法被释放出来；铀粉及其氢化物遇空气极易着火，放出大量的热量。

用铀贮氚时要考虑铀的氚老化效应，对 UT_x 中氚衰变产生的 ^3He 释放进行研究发现，在 200～220 d 为第一阶段，有约 10% 的 ^3He 释放($^3He/U=0.1$)；在初始延滞之后，第二阶段 ^3He 释放速率突增，大约在老化 1100 d 后有约 64% 的 ^3He 被释放($^3He/U=0.5$)。^3He 在铀晶格中能够集聚成泡，从而留下空位，这些空位使铀能够继续吸氚。

(2)钛氢化物

钛作为吸氢材料，其主要特点如下。贮氢密度高。钛本身的密度较低，金属钛的密度约为 4.5 g/cm^3，粉末海绵钛的堆密度为 1～1.5 g/cm^3，因此室温下的贮氢密度可达 570 mL/g。室温离解压低，25 ℃时的平衡离解压约为 10^{-5} Pa。钛在吸氢时，首先形成 α 相，在 H/Ti 等于 0.08 时，低于 300 ℃开始出现 δ 相，而温度高于 300 ℃时则会出现 β 相；当 H/Ti 为 1.0 时，β 相开始向 δ 相转化。因此，在温度低于 300 ℃时，只有一个两相共存区(α+δ 相区)，在 300 ℃以上存在两个两相共存区(α+β 相区和 β+δ 相区)。钛氢化物具有脆性，吸放氢循环会使钛氢化物粉化，实验表明钛氢化物粉末直径小于 38 μm。与铀相比，钛氢化物在空气中显现出较好的稳定性。室温下钛氢化物在空气中不会自燃，即使粉末，着火温度也要到 420 ℃。

钛的氚老化效应方面。室温贮存的钛氚化物能够将 ^3He 保留在晶格内，最大保留量 $^3He/Ti=0.3$。超过这个值时，^3He 将被释放。如果初始吸氚量 T/Ti=2，则可以贮存 3 年不放氚，如果 T/Ti=1.8，则可以贮存 4 年。从钛床中解吸氚需要将床温度升高到 600 ℃，并且即便抽真空到 130 Pa，还有 5% 的氚未能释放，这是钛作为贮氚材料的缺点，此时可以采用同位素交换的方法置换出氚。而要使钛中保留的氚被除去，需使温度提高到 700 ℃以上，且随着氚含量的降低，解离温度需要更高，但这会导致配套的不锈钢结构件在高温下被氚饱和渗透。

(3)$LaNi_5$ 氢化物

$LaNi_5$ 是一种常温下具有较高吸放氢压力的贮氚材料，吸氢时也有一定程度的粉化，但不很严重，氢化物的最大化学计量为 $LaNi_5H_6$。$LaNi_5$ 氢化或活化后，遇空气可以燃烧，但燃烧性没有铀强烈，其氢化物的主要特性如下：贮氢密度高，贮氢密度约为 175 mL/g；平衡离解压适中，室温下饱和吸氢时的平衡离解压稍高于大气压，约为 0.2 MPa，中等温度下有较高的平衡离解压；用 Al、Mn 取代 LaNi$_5$ 中部分 Ni（如 LaNi$_{5-x}$Al$_x$），可改进材料的稳定性，降低室温平衡离解压，中等温度下解吸同样能获得较高压力的氢，但贮氢容量稍有降低，吸放氢速度明显减慢。

LaNi$_{5-x}$Al$_x$ 合金贮氚时，衰变产生的 ^{3}He 基本不被释放，释放到气相中的 ^{3}He 不到总生成量的 1%。初步研究认为合金中 ^{3}He 是以自填隙形式集聚晶格，应力使晶格膨胀，晶胞体积增大，从而提高了氚化物的稳定性。与铀不同，氚老化的 LaNi$_{5-x}$Al$_x$ 合金没有续吸氚能力。

（4）钯氢化物

金属钯的密度为 12 g/cm^3，晶体结构为面心立方（fcc），点阵常数 $a = 0.3890$ nm（298 K）。钯吸氢时先形成 α 相的固溶体，然后再向 β 相转化，随着吸氢量的增加，晶格发生等向膨胀，但始终保持 fcc 结构。在 α 相区，298 K 时 PdH$_{0.015}$ 的点阵常数 $a = 0.3894$ nm；在 $\alpha+\beta$ 两相共存区，a 的最大值为 0.4025 nm；在最大吸氢容量时（β 相），氢化物的化学计量为 PdH$_{0.7}$，对应的点阵常数 $a = 0.4040$ nm，体积膨胀量约为 12%，β 相中的氢原子位于晶格的八面体位置。

钯氢化物的主要特性如下：由于钯在空气中不易氧化（呈惰性），所以非常易于活化；即便存在氧化物，活化时也会被还原；氢同位素在钯晶格内的扩散速度很快，因此钯的吸放氢速度也很快。α 相时氢的解吸等温线的拟合表达式为

$$\ln P = 10.61 + 2\ln \frac{r}{1-r} - \frac{r}{T}\left[4530 + \frac{2330}{r} + \frac{2.017 \times 10^6}{T}\right] \tag{7-26}$$

式中，r 为氢钯原子比，即 H/M；P 为压力，MPa；T 为温度，K。

在 $\alpha+\beta$ 相区，室温下两相共存区的氢离解压约为 0.002 MPa。当温度达到临界点 563 K 以上时，只有单一的 α 相。解吸等温线压力与温度关系为

$$\ln P = 8.681 - \frac{4693}{T} \tag{7-27}$$

在 β 相区，氢的解吸等温线的拟合表达式为

$$\ln P = 10.61 + 2\ln \frac{r}{1-r} - \frac{r}{T}[12070 - 10803r] \tag{7-28}$$

钯合金的吸放氢速率通常比纯钯慢，有些合金元素使 P-C-T 曲线抬高，有些则使其降低。例如，PdCu 合金、PbRh 合金吸氢等温线高于纯钯，PbAg 合金吸氢等温线低于钯。大多数钯合金的坪区变窄。

由于氦在钯中能够扩散迁移、聚集成泡，因此钯具有类似铀氚老化后续吸氢能力。与多数金属氚化物相比，钯的氚老化效应相对较小，金属 Pd 的氚化物保持低的 ^{3}He 释放率可达 16 年，LaNiAl 合金至少可达 5.4 年，而 U 的氚化物只有一年左右。

金属的吸氢速度除了与金属或合金自身特点有关外，还与很多因素有关，如金属表面氧化物、氢压、温度、贮氢合金的粒度、氢气的纯度（杂质如氧、水蒸气、一氧化碳、硫化物等被吸收后，会生成氧化物或其他杂质）等。同时，吸氢金属并不是一遇到氢就立即吸收，大多数金属或合金材料的表面都被一层自身的氧化物所覆盖，它阻止氢与金属的接触，使其不能氢化，消除这种阻碍作用的过程即是所谓的"活化"。一般材料的活化，只需

要将金属置于一定压力的高纯氢气中，加热到一定温度，使氢较快地扩散透过氧化层被金属吸收，金属吸氢体胀或粉化，使氧化层破裂，金属与氢直接接触而开始快速吸氢。从金属接触氢开始至快速吸氢为止这段时间，即所谓的氢化诱导期，也称氢化孕育期。要使金属充分活化，一般要进行几次彻底的吸放氢循环。

对于金属贮氢材料其他应用方面。某些贮氢金属仅对氢同位素有较强的亲和力，而与其杂质气体不发生化学反应，或者反应速率远低于其吸氢速率；利用这一特点，可以实现氢同位素与杂质气体的分离。而不同温度下有不同的氢释放压力，使其可用作氢的压缩泵或者真空泵。由于金属氢化物释放出的氢气纯度很高，还可用于对氦纯化。

7.3 氘、氚和氘氚化锂的生产

7.3.1 氘的生产

1932 年发现氢有两种天然同位素，一种是主要同位素氕(^{1}H)，又称正氢，在氢中的相对丰度约为 99.985%，另一种是用作核燃料或反应堆慢化剂的氘(^{2}H)，又称重氢，相对丰度约为 0.015%，氘与氕共同存在于氢气、水、石油、天然气中。可知氘的蕴藏量极为丰富，在海水中的含量约为 5×10^{13} t。

氘和氕的沸点相差 3.28 ℃，可以根据这一沸点的差异，将液态氢在一套级联装置上进行连续多次的蒸馏，获得氘。也可以根据氘和氕的其他性质差异，如化学反应平衡常数的差别，化学反应动力学性质的差别等，用直接生产重水(D_2O)的办法获得氘。生产氘的一些方法已相当成熟，下面简要介绍几种方法。

蒸馏方法是根据相同温度下，H_2O 和 HDO 的蒸气压不同（见表 7 - 4）来分离 H 和 D。由于挥发性的差异，轻水 H_2O 优先挥发，HDO 次之，重水 D_2O 最后，从而收集富氘水。这种蒸馏方法也可用于反应堆的重水提浓，重水浓度可以达到 99.9%。

表 7 - 4 不同温度下轻水和重水的蒸气压比

温度/℃	40	50	60	80	100
蒸气压比 $R(H_2O/HDO)$	1.059	1.053	1.047	1.035	1.026

电解水生产氘基本原理是，电解水时，阴极产生的氢中氘的丰度低于电解池中余下的水的氘丰度，即氘在残余的电解池水中富集。电解产生的氢和氧均是潮湿的，将其分别冷凝，冷凝出来的水是富氘的，送入下级电解池继续电解，会产生比上一级更富集氘的水，逐级电解，可产生所需氘丰度的氢气。由于后面各级电解池生产的经冷凝的干氢气的氘丰度较高，可将该氢气燃烧成水，送入前级电解池继续电解，可以提高氘的回收率。

蒸汽-氢双温交换反应方法的原理是利用 $H_2O + HD \rightleftharpoons HDO + H_2$ 可逆反应富集 D。在不同的温度下，该反应有不同的平衡常数，如 80 ℃时约为 2.8，600 ℃时约为 1.3。对两种温度进行比较，低温下有利于正反应，高温下有利于逆反应。通过反应和冷凝过程，经过多级串联从而收集富氘的水。类似的方法还有水-硫化氢双温交换方法，该方法基于可逆反应：$H_2O+HDS \rightleftharpoons HDO+H_2S$。若使该反应在高、低温两个反应器间循环进行，逆反应时，氚从水进入硫化氢，正反应时，氚从硫化氢进入水。通过以上方法收集的重水再经过电解就可以获得 D_2。

7.3.2 氚的生产

合成氚可用各种不同的核反应。分析加速粒子作用于不同材料时形成氚的截面，可以得出结论：当用 α 粒子照射时形成氚的概率最大，其次是氘核，最后才是质子。当用氘核和 α 粒子轰击时，可能是由于氘俘获中子的过程中形成氚，或在核力场中质子脱离开 α 粒子而形成氚。这些反应的大多数对于氚的生产来说仅有理论意义，而无多大的实际价值。但是，在核反应堆和热核合成反应中，氚的形成对它的积累具有明显的意义。

目前，制备氚的途径有以下几种。

1. 锂途径

锂在中子辐照下可以产生出氚，生产氚的核反应为

$$^6Li+n \longrightarrow ^3T+^4He+4.784 \text{ MeV} \qquad (7-29)$$

$$^7Li+n \longrightarrow ^3T+^4He+n'-2.467 \text{ MeV} \qquad (7-30)$$

^6Li 核俘获中子的截面等于 945 b。核燃料的工业生产是将锂作为转换材料放入反应堆中产生氚的过程。由于 ^6Li 在热中子区反应截面很大，而 ^7Li 在快中子区截面大些。天然锂是质量数为 ^6Li 和 ^7Li 的混合物（其中 ^6Li 的丰度是 7.52%），在生产氚时，对这些同位素不需要进行分离，因为快中子同 ^7Li 作用时也形成氚。氚的合成步骤包括照射前原料的准备、进行照射和原料中氚的积累、分离、纯化和浓缩。从反应堆中取出靶子后从其中提取氚，通常的方法是用真空-加热法和在照射过程中从放在反应堆里的材料中提取氚。

在用裂变反应堆生产氚时，先将锂制成合金，例如 Li-Al 合金或 Li-Mg 合金，然后放入反应堆照射。当 Li-Al 合金在反应堆内辐照到一定程度后，从反应堆中取出的靶子在真空中加热直到金属锂熔融。T 与 He 从合金中释放出来，并用净化装置将氚和氦分离（可用铀棒来吸收）。再用同位素分离装置将其中含有的 H 和 D 分离出去，余下的是纯净的 T。在正常条件下可获得放射性大约为 1×10^{14} Bq/L 的气态氚。Li-Al 合金的缺点是辐照损伤大且产氚率低。为增加 T 的产率，可将 ^6Li 的富集度提高，再制成 ^6Li-Al 合金靶。现阶段是主要是利用 ^6Li 在裂变反应堆中辐照氚，待将来聚变堆研究成功以后，即可在聚变堆中用 ^6Li 和 ^7Li 作为增殖材料生产氚。

2. 重水反应堆途径

重水反应堆以重水（D_2O）作为慢化剂，其中的氘可俘获热中子而生成氚，氘和中子的核反应为

$$D+n \longrightarrow T \qquad (7-31)$$

这个反应的热中子吸收截面非常小，只有 5.2×10^{-4} b。但若考虑到重水总质量之大和长时间运行，在重水中会产生相当数量的氚，且以 HTO 形式存在。氚的存在污染了重水，存在安全问题，据估计重水堆每年氚的泄漏量为 $(55.5 \sim 1480) \times 10^{10}$ Bq。因此，回收

重水中的氚既可保证安全，从经济方面看，也可产生效益。

从重水中回收氚的工艺，类似于从天然水中提取重水，因此一些提取重水的工艺可用于从重水中提取氚(氚和氘的沸点相差 1.34 ℃)。只不过前者的原料为天然水，后者的原料为重水。利用为了浓缩氘所应用的任何方法(电解、双温交换、蒸馏、色层法等)都可以把氚从氕和氘中分离出来。在工厂条件下则是利用热扩散分离的方法。连续操作的装置每天可能制备 10 L 氚，其纯度是 99.8%。

3. 裂变棒途径

裂变棒途径主要来源于核燃料铀和钚核的三裂变。三裂变的概率非常低，其中两裂变碎片属于中等质量核素，第三裂变碎片为轻质量核素，如氚、氦等。三裂变产额很低，通常对裂变棒内的氚没有做回收处理，直接释放到环境中。另一方面是控制棒内部装载有中子吸收截面大的物质，大多数核动力反应堆的控制棒使用 ^{10}B 作中子吸收体，与反应堆内中子发生反应：$^{10}B(n,\alpha)T$ 也可以生成氚，反应截面约为 3.16×10^{-2} b。2000 年，全球裂变反应堆向环境释放的总氚量已经超过天然氚贮量和冷战时期大气核试验残留氚量之和(核设施区域内人口的剂量率一半是由摄入的氚贡献的)。因此，发展裂变棒途径生产氚是发展核电、实现零环境氚释放的必然趋势。

4. 加速器生产氚

冷战后核武器数量大幅消减，武器中用氚量相应减少。同时，军控核查和核不扩散要求氚生产与钚生产的专用堆分离。因此，发展加速器可以避免启动新的反应堆，从而满足安全和环境要求。加速器生产氚的概念设计已研究多年，$^2H(d,p)^3H$ 反应导致了氚的发现，也是用加速器制备氚的最好的方法之一。在回旋加速器上轰击 D 靶时能够获得大量的氚，而且在氘核能量不很高的情况下已经可以给出高的氚产额。但是，由于含氚靶制备方面的困难，该方法所以不实用。目前的主要思路是使用两个系统：一个是生产中子的系统，一般用散裂中子源，即用高能质子加速器将质子打在重金属铅或钨上，使其分裂产生中子；另一个是生产氚的系统，它可由 Li - Al 靶构成，原理依然是 $^6Li(n,\alpha)T$ 反应，也可以用 ^3He 靶，反应为 $^3He(n,p)T$。

7.3.3　锂及氚氚化锂的生产

1. 锂

锂作为氚的转换材料，是重要的核燃料资源。锂在自然界蕴藏丰富，丰度在各元素中居第 27 位。陆上含锂矿物有锂辉石、锂云母、含锂卤水(盐湖卤水和地下卤水)以及黏土矿和锂皂石、温泉水、地热水等。我国新疆、四川、河南等地区分布有锂辉石矿，湘赣两省分布有锂云母矿，四川有含锂井卤水，尤其是青海、西藏地区，盐湖星罗棋布，构成世界上罕见的盐湖锂矿床。在我国锂资源中，锂矿石占 20%，卤水锂占 80%。锂有两种同位素，分别为 ^6Li(丰度 7.5%)和 ^7Li(丰度 92.5%)。锂同位素分离的方法很多，有化学法(如化学交换法、离子交换法、萃取法等)和物理法(如电磁法、电解法、激光法等)。实际工业中采用的是化学交换法，即利用 ^6Li 会在某一相中富集，而 ^7Li 在另一相中富集的特性，达到分离的目的，如锂汞齐与氢氧化锂水溶液体系的化学交换法分离锂同位素。

2. 氘氚化锂

氘氚化锂的生产与氢化锂是一样的，仅有部分同位素效应，如熔点等略有差异。制备过程中需要注意的是氚的放射性。锂和氢可直接化合，生成氢化锂。但是，室温下氢和锂不反应，甚至非常细的金属锂粉也不吸收氢。在温度高于锂的熔点（180.5 ℃）时，开始有轻微反应，并在表面形成固体氢化锂。400 ℃以上时反应加速，710 ℃时反应剧烈。粉末氘氚化锂合成的反应式如下

$$H_2 + 2Li \rightleftharpoons 2LiH + Q_H \qquad (7-32)$$

$$D_2 + 2Li \rightleftharpoons 2LiD + Q_D \qquad (7-33)$$

据测定，$Q_H = 90.63$ kJ/mol，$Q_D = 91.14$ kJ/mol。以 Li(D，T)为例，先将元素锂放在纯铁制成的坩埚中（锂不容易和纯铁发生反应），抽空除气，加热使锂熔化，在 1020 K 下，将按比例配制的氘氚气送入坩埚，使它们化合反应，一直到反应停止，再在氘氚气氛下冷却。全部操作都在充满氩气的手套箱中进行，以防止氚泄漏。但是由于反应是在 1020 K 高温下进行的，少量氚会通过器壁渗透出去。也可以用制成的 LiD 粉末与氚进行置换反应，最终生产出所需氘氚比的固体 Li(D，T)。该可逆气固反应式为

$$LiD + T_2 \rightleftharpoons LiT + DT$$

生产中需要知道的是，在反应中有多少固体 LiD 变成了 LiT。从上式可以看出，反应气相中氚量的减少正好等于固相中氚量的增加，因而只要监测气相中氚的减少，就可以知道固相中氚的增加。可从质量守恒和热力学平衡两方面进行计算。

Li(D，T)粉末可以用等静压方法制成块体材料。通常是放在一定形状的模具中压制成形的。在压制温度为 400 ℃和压力 600 MPa 下，试样的密度可达理论密度的 98%～99%。如果在合适的温度下加热烧结，可以提高压块的密度和强度。制备过程要特别注意水汽对氢化锂的潮解，因此操作氢化锂一定要在干燥氩的手套箱中进行。另一种方法是用铸造的方法制造氢化锂，将液态的氢化锂按照形状要求铸造成形。

7.4 氚的安全与管理

7.4.1 氚对人体的危害

作为氢的同位素，氚的化学性质与氢一样，可以作为气态存在，也可存于一切含氢的化合物中，如 HTO、CH₃T、HTS 等，当然也可以存在于人体中，于是氚的放射性也影响人体组织。人体呼吸时不需要氢气，因此吸入的 HT、HD、DT 或 T₂ 等大部分会直接呼出体外，仅有极少部分吸入的气体会溶解于血液、器官组织中，但是很快又能释放出去。需要注意的是，在这期间氚可以利用同位素分子交换反应转变成为氚水，进而参与到人体的新陈代谢循环之中。我们需要注意的是环境中的氚化水（HTO），人体吸收 HTO 的能力比 HT 大四个数量级。因此氚化水更具危害性。

在氚的化学毒性方面，由于氚的化学性质与氢相似，因此没有明显的化学毒性。但是

由于氚的质量数是氢的 3 倍，因此氚所参与的化学反应的反应常数与氢不同。类似重水的特点，氚与水的结合键在化学键能上比普通水更强、C—^{3}H 共价键比 C—^{1}H 共价键稳定，这就意味着断开这些化学键需要更多的能量，这会让化学反应变慢。人体摄入过多的重水（D_2O）或超重水（T_2O）也会危害健康，试验发现小白鼠体内的水有三分之一是重水时，就会造成死亡。也就是说，只有在大量摄入重水或超重水时才会出现这种后果，少量摄入并不会有化学毒性影响。对于人体而言，机体内在达到同位素质量效应所需的比活度之前，就已经出现了辐射损伤效应。因此，氚对人体的危害主要体现为氚对人体的辐射损伤效应。

氚的衰变使含氚物质的分子改变（因为氚变为氦），同时衰变放出的带能 β 粒子，也会破坏别的分子，形成一些自由基或其他激发离子。氚衰变的 β 粒子在遇到原子序数大的物质时，会产生韧致辐射。用氚对动物做的实验表明，氚的辐射可以产生明显生物效应，这些效应又与吸收剂量的大小有很大关系。至于氚对人体的外辐射，几乎可以忽略，因为氚衰变的 β 粒子在水中的射程只有几个微米，很容易就被皮肤或衣物阻挡。需要注意的是氚化水可以通过皮肤渗入体内。进入人体的氚水，在 2～3 h 内会与人体中的水混合，均匀分布于体内，氚在汗、尿、血液中，以及呼出的水蒸气中，有相同的浓度。

氚进入人体后会产生致癌效应，放射生物学的致癌性与其他低能量线性传递电离辐射的机理基本相同。电离辐射产生的遗传效应可分为基因突变和染色体畸变，低剂量照射主要引起点突变，随着剂量增加多表现为显性致死突变，剂量再增加则细胞死亡。因此，非致死小剂量照射可以导致遗传效应。在致畸方面，主要器官形成前较大剂量的照射会导致胚胎死亡；在器官形成期受较大剂量照射，常导致细胞的快速增生和分化受到最严重的破坏，从而表现为子代严重的畸形；在主要器官形成后（胎儿期）往往产生不严重的功能问题。对广岛和长崎接受宫内照射出生的儿童进行调查发现，有害效应包括出生后体重、头围和智力的减小或降低。研究发现，氚对中枢神经系统也有影响，主要是造成学习记忆等神经行为的损伤，神经信息传递不良导致学习记忆能力的严重阻碍。1988 年我国发布国标《辐射防护规定》（GB 8703—88），规定了氚的安全管理限制，如表 7-5 所示。

表 7-5　氚的安全管理限制

项目		食入	吸入
^{3}H（氚水）	年摄入量限值	3×10^9 Bq	3×10^9 Bq
	导出空气浓度	—	8×10^5 Bq/m^3
^{3}H（元素）	年摄入量限值	—	—
	导出空气浓度	—	2×10^{10} Bq/m^3
表面污染控制水平（皮肤和工作服取 100 cm^2，设备取 300 cm^2，地面取 1000 cm^2）	控制监督区	工作台、设备、墙壁、地面	400 Bq/cm^2
		工作服、手套、工作鞋	40 Bq/cm^2
	非限制区	工作台、设备、墙壁、地面	40 Bq/cm^2
		工作服、手套、工作鞋	4 Bq/cm^2
	手、皮肤、内衣、工作袜		4 Bq/cm^2

从辐射防护的观点来看，氚属于低毒但又难以防护的放射性核素。为了操作人员的安全，必须对环境中的氚进行监测，对于气体中的氚，可以用电离室、正比计数器测定。后者是最流行的一种探测器，灵敏度高，输出信号强。可以置于房间内、手套箱旁，对空气进行监测。对于透明液体中的氚，例如水、尿、血液中的氚则可以用闪烁计数器监测。对于进入人体的氚，通常用尿液中氚量减少的程度来衡量人体中氚残留的量。

7.4.2 氚设备材料

氚的特点之一是和稳定同位素交换快，因此凡是含氢的物质同它接触时都可发生同位素交换而很快受到污染。同时，氚也能和空气中的水蒸气交换而迅速污染空气。此外，氚的亲和力及吸附力都很强，其中棉布和天然橡胶对氚的亲和力最大，而聚乙烯和聚四氟乙烯对氚的亲和力最小，吸附氚的能力也最小。另一方面，氚具有很强的渗透能力。金属的氧化膜具有较好的阻氚能力，氧化铝和奥氏体钢氧化膜的阻氚渗透能力较好。但是氧化膜一旦被破坏，金属材料的阻氚能力会大幅降低。

为了防止氚污染，在氚系统的操作过程中，对氚一般使用多级包容。其中，初级包容是指将氚包容在一套工艺设备中，如贮氚容器、管道、阀门，以及泵和测量设备构成的密闭系统内。初级包容系统组件直接暴露于氚气氛中，为了确保氚初级包容的有效性，减小氚的渗透量和减小事故性氚泄漏的概率，包容系统应具有满足氚工艺要求的气密性，和在1.25 倍工作压力下漏率小于 1×10^{-8} Pa·m³/s 及很小的失效的可能性。应选用氚渗透率小、不易遭受氢脆或辐射损伤、与氢适配的全金属材料，可以选择低碳含量的不锈钢，必要时采用国产抗氢钢系列（HR-1、HR-2、HR-3 和 HR-4）。系统组件尽可能地采用焊接方式，焊接位置应进行漏率检测，确保其漏率满足要求。对于温度在 800 K 以上的操作条件（如聚变堆），则需采用陶瓷材料、复合材料和组合材料作为高温防氚渗透材料。

次级包容是用来包容初级氚包容系统，目的是一旦初级氚包容系统失效，瞬间释放的大量氚将不会泄漏到环境中。次级包容系统使得从初级包容系统中渗漏出的微量氚与操作人员隔离，达到减小职业工作人员氚剂量的目的。次级包容有两类，一类是采用双包套包容方式压力容器，包套夹层处于真空状态，由第一壁渗透进入夹层的氚不含其他杂质气体，可以直接进行回收。第二类是由氚包容屏障（如手套箱或通风橱）、氚净化系统和氚监测系统构成。手套箱通常是一个由低碳不锈钢板焊接而成的完整箱形物（壁厚一般在 2~5 mm），侧面留有适当数目的观察窗和手套接口，以便于手套箱内的操作。手套箱壁要求平滑光洁，顶角和边缘呈圆弧形，以便于清洗。窗材料为平板安全玻璃或有机玻璃，厚度在 5~12 mm 之间，用有机硅软橡皮垫圈同不锈钢手套箱本体连接。手套箱气氛运行应在负压状态，箱内气氛选择惰性气体，如氩气。

其他材料选择方面。铜有很好的延展性和导热性能，并且氢在铜内的扩散率和溶解度很低，故抗氢脆性能很好，铜及其合金被广泛用作密封垫圈和散热元件。但是铜在大于200 ℃时，材料强度急剧下降，因此铜及其合金不适宜作结构材料。铝也有被成功地用于低压氚系统的先例。铝有很好的导热性能，与不锈钢比较氢渗透率很低，但在较高的温度下强度与抗卷曲性较低，且难于和其他材料部件焊接在一起，因此铝及其合金不适宜作结构材料。几乎所有的聚合物暴露于辐射环境下都会导致材料性能下降。氚气和氚化水都能透过聚合物，导致聚合物上的 β 射线能量沉积。β 射线能量沉积能导致聚合物软化或硬化、失去延展性、断键和粉化等。因此，除非金属不能替代，否则不要用聚合物。

7.4.3　含氚废物的处理

在核能开发、核武器研制和其他涉氚操作管理过程中，都会产生一些含氚废物。废物以气、液、固三种形态存在。气态废物主要包括：氚设施的通排风、含氚操作的手套箱气氛、氚氚处理尾气、气体取样分析尾气、氚系统抽真空时真空泵排出气体等。液态含氚废物主要包括：净化系统产生的氚化废水、被氚污染的废油和分析用的闪烁液等。固态废物主要包括：退役或报废的氚系统及其部件、氚设施维修过程中产生的废管道、阀门、贮氚容器、各类泵体，作为气体吸附剂的硅胶、分子筛、活性炭和废弃的金属氚化物等，防护用品如手套、工作服等。以上废物中，低浓度的含氚废气和废水占比最大，有条件的情况下可采取回收的方法处理。

针对氚废物处置的专用标准还不健全，含氚废物通常不归入高放废物行列。气态氚废物可以通过适当的捕集（如金属或合金化学床）再利用将其转化成液态（氧化）或固体形式进行处理，也可直接稀释或贮存衰变后排放。例如氚与金属吸气剂反应达到回收和分离的目的，用低温分子筛吸附氚、低温蒸馏法捕集氚。

液态和固态氚废物的特点是它们都能通过其挥发成分的解析或在高活度下的自动辐射分解，持续地向周围环境中释放出氚。氚水平不高的液体废料可以被稀释，达到允许水平后，可排入下水道；对处于沙漠、戈壁滩的核设施，产生的低放含氚废水，则通过设施附近的天然蒸发池，逐步排入环境；对于固体废物和高放射性的液体废料，则将其封装且埋于指定的地点，让其自然衰变。

习　题

1. 氚是如何被发现的？
2. 氚与金属材料相互作用的机制是什么？
3. 氚与高分子材料相互作用的机制是什么？
4. 氚氚化锂的辐照效应有哪些？
5. 常用作氚处理的金属氢化物有哪些？在贮氢性能方面各有什么特点？
6. 氚的生产途径有哪些？
7. 氚对人体的危害有哪些？

参考文献

［1］彭述明，王和义．氚化学与工艺学［M］.北京：国防工业出版社，2015.

［2］李冠兴，武胜．核燃料［M］.北京：化学工业出版社，2007.

［3］卡里斯特，莱斯威什．材料科学与工程导论［M］.陈大钦，孔哲，译．北京：科学出版社，2017.

［4］刘国权．材料科学与工程基础（上册）［M］.北京：高等教育出版社，2015.

［5］朱张校．工程材料学［M］.北京：清华大学出版社，2012.

［6］胡赓祥，蔡珣，戎咏华．科学材料基础［M］.上海：上海交通大学出版社，2013.

［7］石德珂．材料科学基础［M］.北京：机械工业出版社，2018.

［8］伯克，科林奇，戈朗，等．铀合金物理冶金［M］.石琪，译．北京：原子能出版社，1983.

［9］金德勒．铀的物理和化学性质［M］.向家忠，译．北京：原子能出版社，1982.

［10］戈尔丹斯基，波利卡诺夫．超铀元素［M］.盛正直，译．北京：科学出版社，1984.

［11］WICK O J. Plutonium handbook［M］. New York • London • Paris：Science Publishers，1972.

［12］盛正直．铀［M］.北京：科学普及出版社，1980.

［13］马忠乾．氚的物理和化学［M］.北京：中国环境科学出版社，1991.

［14］蒋国强，罗德礼，路光达，等．氘和氚的工程技术［M］.北京：国防工业出版社，2007.

［15］吴锵，刘瑛，丁锡锋．材料科学基础［M］.北京：国防工业出版社，2012.

［16］刘东亮，邓建国．材料科学基础［M］.上海：东华理工大学出版社，2016.

［17］潘金生，全健民，潘民波．材料科学基础［M］.北京：清华大学出版社，2011.

［18］陈利民．U－5Nb 合金的制备、凝固过程与力学性能［D］.成都：四川大学，2006.

［19］许明，余淑华，罗天元，等．铀合金的大气腐蚀和应力腐蚀研究［J］.中国腐蚀与防护学报，2004，24（2）：112－115.

［20］帅茂兵．铀合金的氢化特性和氢化处理研究［D］.绵阳：中国工程物理研究院，2001.

［21］廖俊生．铀酰溶液中合金腐蚀行为和铀铌合金氧化特性研究［D］.绵阳：中国工程物理研究院，2004.